軍事叢書33

美軍特戰奇兵祕辛

THE COMMANDOS

The Inside Story of America's Secret Soldiers

道格拉斯・華勒(Douglas C. Waller)著
章 杜譯

軍事叢書 33

美軍特戰奇兵祕辛

THE COMMANDOS

The Inside Story of America's Secret Soldiers

作　　者　道格拉斯・華勒(Douglas C. Waller)
譯　　者　章　柱
發 行 人　蘇拾平
出　　版　麥田出版有限公司
　　　　　台北市新生南路二段82號 6 樓之 5
　　　　　電話：396-5698　傳眞：341-0054
郵撥帳號　1600884-9　麥田出版有限公司
印　　刷　世和印製企業有限公司
登 記 證　行政院新聞局局版臺業字第5369號
初版一刷　1995（民84）年 6 月15日

版權代理　博達著作權代理有限公司

ISBN 957-708-292-0

售價：260元　　Printed in Taiwan

（本書如有缺頁、破損、倒裝，請寄回更換）

史漢生上尉（圖左）和他的「綠扁帽」教官莫侖上士在為期兩週的「知更鳥與靈艾」演習時攝。

史漢生上尉（中坐者）正計劃著一次埋伏突襲行動，以贏得他訓練的游擊隊隊員的信任。

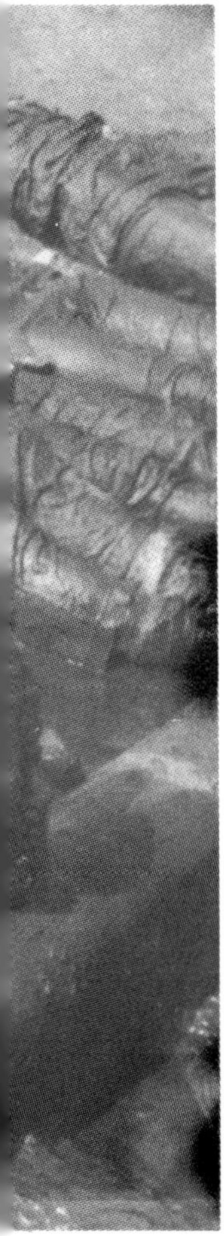

在經過數天難以消化的「即食口糧」（MRE）之後，「綠扁帽」學員（由左至右）史坦克、席曼和魯本達終於抓了野雞供作晚餐。

穿著牛仔褲和野戰夾克的「綠扁帽」一級士官古德，正於「松樹國」演習中擔任游擊隊隊長，帶著他權威的象徵——一把M-16步槍和一個牛頭骨，小憩於游擊總部的據點上。

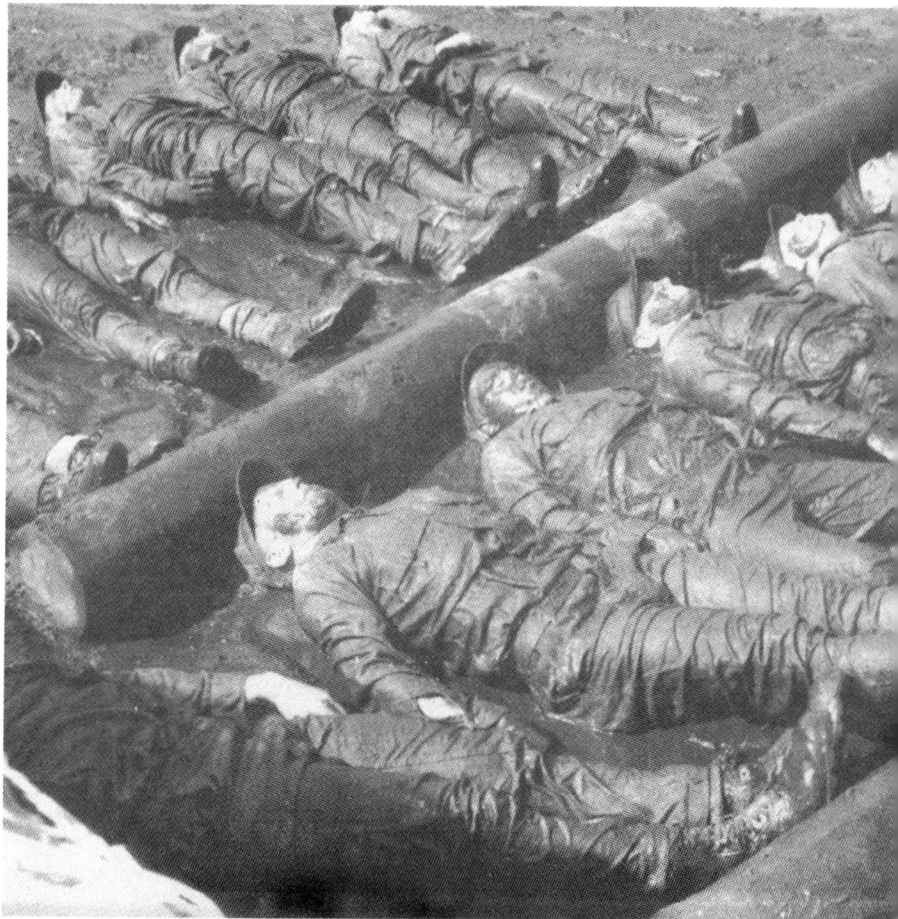

第一八三班海軍學員在「地獄週」訓練中滾動重木通過一處泥塘，在通過嚴酷的訓練之後，
他們才能成爲「海豹隊」隊員。

「海豹隊」學員們須以雙手舉起重達一百五十磅的橡皮艇。藍錫上尉（左前者）及隊員在教官將沙鏟入橡皮艇以增加重量時，仍須將其高舉起。

「海豹隊」學員在進行令人生畏的障礙訓練課程時，也得帶著橡皮艇。

藍錫上尉和他的組員用力舉起一根電話柱。

在「海豹隊」教官們考慮另外一項較輕的操練時，學員們得排成一長鏈進行伏地挺身。

小組組員被通知他們已通過「地獄週」訓練。由左至右分別是：寇諾禮、哈沙吐紐、藍錫、查佩爾、戴特門和葛林。

造價高達四千萬美元的 MH-53J 「貼地飛」直昇機，爲目前功能最複雜的軍用直升機。

飛行學員們(由左至右)皮林司上尉和杜布克上尉與教官白克上尉，於「貼地飛」穿越傑梅茲山夜航飛行前攝。

在一次夜航前，空勤機械員狄恩中士（左）和杜布克上尉共同檢查後艙內的「比薩架」，架上滿是電子裝備。

史瓦茲柯夫將軍，沙漠風暴行動的聯軍指揮官，他並不信任特種作戰部隊並加以嚴格約束。

史汀納將軍，美軍特戰部隊司令，曾遊說史瓦茲柯夫建立一支祕密的突擊隊，在波灣戰時進行在伊拉克及科威特境內的任務。

李奧尼少校是「貼地飛」直昇機的飛行員之一，於沙漠風暴行動之初曾使用直昇機突擊了兩座伊拉克的雷達站。

柯默中校是第二十特戰中隊指揮官，使用「貼地飛」攻擊伊拉克的雷達設施。

「爲了和平，我們永遠携手合作。」
在沙漠風暴行動中，美軍第四心戰大隊曾對伊拉克士兵丟下了二千九百萬張小傳單。這一張傳單曾被諡稱爲「愛和吻」，因它強調了阿拉伯兄弟的關係。

「我遵照你的命令越過了阿拉伯河，在戰鬥中我感到死神的迫近，而今則命在旦夕。」

心戰傳單在波灣戰爭稍後則更形強硬有力，斥責海珊陷部隊於危險中。

「你如果要活命，依照下列指示：

- 將武器中的彈匣卸下。
- 將武器扛在你的左肩上，將槍口朝下。
- 向我們顯示你的誠意，請將雙手置於頭頂。
- 當你接近我們的部隊，放慢脚步；任何站在隊伍前面的人請舉起這張傳單於頭上。
- 這樣可證明你投誠的意願。
- 你將很快地被送交至你的阿拉伯弟兄手中，歡迎投誠。」

某些傳單告訴伊拉克士兵投降的方式。

「這是你可得到第一次和最後一次的警告！明天，第二十八步兵師會被轟炸！現在就逃離這個位置。」

在史瓦茲柯夫的建議下，心戰官投下這類傳單警告伊拉克士兵：B－52會轟炸他們。在經過幾次這樣的攻擊之後，伊拉克步兵攀爬過他們的掩體以撿拾起最後的傳單。

謔仿電影《奇愛博士》(*Dr. Strangelove*)的鏡頭，戴文波少校坐在一顆一萬五千磅 BLU-82 炸彈上，這種作戰利器在波灣戰爭中由空勤組員投下，是一種具心戰功能的武器。

اهربوا وحافظوا
على الحياة
او ابقوا ولقوا
مصرعكم

「逃離即生，留下則死。」
在經過幾次 BLU－82 的攻擊後，這類心戰傳單曾投擲在伊拉克軍集結處。

لقد تكبدتم خسائر هائلة
نتيجة استخدامنا
أقوى قنبلة تقليدية في هذه الحرب
وهي أقوى من عشرين صاروخ
اسكود من حيث قوة التفجير
أحذروا !
سوف نقصف مواقعكم مرة أخرى
سوف يتم تحرير الكويت
من إعتداء صدام العراق
أسرعوا بالانضمام الى
اخوتكم في الجنوب
سنعاملكم بكل الحب والاحترام
أتركوا هذا الموقع فلن
يحقق لكم الامان

「在戰爭中你已領教過最具威力的傳統炸彈，它的爆炸威力比二十枚飛毛腿飛彈還強。你很快就會再被轟炸。科威特會從侵略者的手中解放。向南逃吧，你將受到公平地對待，你是躲不了的！」

查德•「拳師犬」•巴旺挖掘一處藏身坑，以執行其深入伊拉克境的偵察任務。

巴旺所屬的綠扁帽部隊。此張團體照攝於該部剛開始祕密滲透伊拉克之前。後排立者由左至右：哈里斯、崔斯基、葛德納、巴旺、何浦金、胡佛梅，蹲者由左至右：魏哲夫和戴哥夫。

柯勞士上校在地面戰鬥開始前派遣綠扁帽深入伊拉克（圖中站立無戴帽者），注視著一望無際的戰場。

席姆司上士與他的小組組員及救援他們脫出險境的 MH－60 黑鷹直昇機。立者由左至右分別爲空勤組員：戴特里、克里沙夫利、史蒂芬、迪凡杜佛、威拉、何卜，蹲者由左至右分別爲綠扁帽成員：席姆司、特布隆和陶貝。

綠扁帽部隊在試驗設計來用於伊拉克西部的僞裝藏身坑。

戴特里士官登上一架 MH－60 黑鷹式直昇機準備飛赴一項沙漠風暴行動中的救援任務。

戴茲上尉站在三艘快艇其中一艘的船頭處，海軍「海豹隊」在地面戰鬥之始假裝沿科威特海岸進行兩棲登陸。

史密司上校是沙漠風暴行動中指揮海軍「海豹隊」的指揮官，於科威特的一處濱海基地對隊員發表談話。

目錄

譯者序

今春從麥田出版公司編輯手中接過這本書，看完小引〈鯊魚人敵後偵察〉，就爲作者所報導驚心動魄的眞人實事吸引住了。這也是我多年來首次見到有系統介紹美國陸海空三軍特戰部隊的新書。作者曾親隨海豹隊體驗「地獄週」訓練，並對美軍特戰二十中隊「貼地飛」高科技直昇機訓練作戰，都有翔實而深入的報導。

空軍特戰中隊的前身，應溯自二次大戰活躍中印緬戰區的第一空中突擊大隊（詳見第三章〈空中牛仔〉）。一九六二年，美空軍名將李梅在參謀長任內，高瞻遠矚將早一年成立的空軍四四〇〇特戰訓練中隊改編爲空軍突擊第一大隊，始得延續傳承，並於越戰中屢建奇功。譯者曾於《聯合週刊》以〈美國空軍突擊敢死隊〉爲題，著文報導。

譯者早年曾訪問美陸軍特戰訓練中心布雷格堡(Fort Bragg)及波普(Pope)空軍基地。在譯書過程中，往事歷歷如在眼前，似有舊夢重溫之感。至今時過境遷，科技發達，武器改進。不過人的因素仍爲特戰制勝的首要關鍵，料想未來當也不致有所改變。

章柱

一九九四年感恩節於洛杉磯

美軍特戰奇兵祕辛

THE COMMANDOS

The Inside Story of America's Secret Soldiers

小引　鯊魚人敵後偵察

巴旺從MH-60黑鷹式直昇機爬下來，慢慢轉過頭來，在黑暗中由地平線的一端向另一端展望，他想把這景象牢牢記住。一片平坦的麥田，滿佈著一條條水溝，向天邊伸展，一望無涯。他覺得很像冬天的堪薩斯州，一個清朗寒冷而靜得出奇的夜晚。

巴旺和七位頭戴綠扁帽的美國陸軍特戰分遣隊隊員,正深入敵後伊拉克執行一項命名「巨人」的絕對機密任務。

在巴旺率領的七人特戰分遣隊後面南方一百五十哩，駐紮著美國陸軍第十八空降軍，那就是伊拉克和沙烏地阿拉伯交界的地方，而且是在沙國境內。一九九一年二月二十四日早上四點整，再過五個多小時，第十八軍就要跨越國界，在美國中央司令部史瓦茲柯夫將軍指揮下，展開側翼包圍，摧毀佔領科威特的伊拉克陸軍，這就是即將名揚戰史的冰雹作戰（Hail Mary）。

隨著「沙漠風暴」作戰的展開，美國海軍陸戰隊和阿拉伯師團必須摧毀海珊（或譯沙旦・胡辛）沿著科威特邊界佈置堅強的防禦工事。同時，駐軍在西方數百哩的第十八軍和第七軍（由美、法、英等國組成的聯軍），將橫掃伊拉克南部封鎖伊軍，並切斷起自北方的補給線。

如果在更北邊接近巴格達的伊拉克後備部隊不反攻的話，這確是一項冒險犯難而機智的軍事活動。但是，他們一旦出動，由西方兼程趕來包圍南部伊軍的盟軍必將陷入苦戰。巴旺和其他十個特戰小組所擔當的任務，就是及早偵知北方的伊軍有無南下的行動，儘快向第十八軍提出報告。他們的功用等於用人做成的警報器。

巴旺和七位隊員的正式番號是A五二五作戰分遣隊，簡稱特戰A小隊，任務是偵報第七號公路的敵軍動態。七號公路由巴格達向南通達安那悉廖(An Nasiryah)，那是幼發拉底河畔一個城市。第十八軍預定在這城的南方一點向右包圍敵軍。

衛星和間諜飛機固然可以提供伊軍部署照片，但是要經過好幾天才能在軍司令部看到。指揮官如果沒有及時而且正確的情報，遭敵軍攻擊時，散佈在伊境空曠平原上的戰車都會變成挨打的鴨子。所以為了獲取當時當地的目擊情報，才派特遣隊深入敵後，潛伏在野戰壕中，實地偵察敵情，並用無線電直接向軍司令部報告。

頭戴綠扁帽的勇士，個個都是美陸軍特戰部隊的菁英，他們自稱這是特種偵察任務，但是不少人卻認為是自殺任務。

兩架黑鷹式直昇機分載巴旺和他的隊員們飛越伊拉克邊界時，機長從無線電中接到密語：「裝回口袋裏！」意思是任務取消，飛回拉法加油基地。這基地位於沙烏地阿拉伯境內。可是等直昇機飛回拉法降落不久，無線電又傳來命令：「繼續執行任務。」巴旺心想這與陸軍差不多，一時下不了決心。

不過，現在時間已較預定晚了不少。而且，兩架直昇機都需要再加滿了油，才夠往返目的地，包含只有十分鐘的預備油量。黑鷹式直昇機的駕駛員隸屬機密的第一六〇特戰航空團，都是美國陸軍中一流的飛行員。

直昇機加滿油再出發已是下午八點四十五分，較預定出動時間晚了四十五分。按原定計劃，經過兩小時航行，應該在晚上十點整降落在七號公路西方，巴旺和他的隊員才有時間找到適當地點，挖掘深可及腰的散兵坑，佈置僞裝，然後躲在坑中觀察敵軍運兵情況，一切行動都須在六點鐘天未亮前完成。

這些特遣隊隊員曾在沙國法德國際機場的一處訓練營中接受多項艱苦的訓練。荷重行軍，背包裝著挖坑所需工具，常使他們的背痛欲裂；挖坑實習，測出挖坑及用沙袋加強防禦需四小時；佈置僞裝，用鋼管架在坑頂需一小時。這些鋼管還是隊上的爆破士官哈里斯從機場修建工程中弄來的。

四十五分鐘的延誤，很可能要到天亮之後才能完成散兵坑工事，巴旺不禁擔心起來。

這兩架黑鷹式直昇機，各載四名特遣隊隊員以每小時一百哩的速度怒吼著，飛越邊界，保持離地面只有二十呎的高度，以免被敵軍雷達發現。同時美軍並曾另派直昇機昇空，分散敵軍注意和欺騙敵軍。巴旺坐的直昇機不停地起伏，轉彎抹角的躲避雷達追踪和地面觀察哨，他感覺好像坐在太空飛車上，向窗外望去，又是一片無垠的沙丘一直延伸到天邊。

機身忽然向上一衝，使他身子向後一仰，同時聽到機尾發出一聲怪響，好像汽車碰到路邊似的。

「怎麼啦？」巴旺對著頭盔裏的麥克風叫了起來。

「噷！沒什麼事，」駕駛員用無線電話回答他：「我們碰上了沙丘。」

巴旺心想這些直昇機駕駛員從來就不知道害怕。後來才明白，因爲怕撞上前面的沙丘，駕駛員猛然拉起機頭上升，可是機尾卻撞上了後面的沙丘，尾輪亦撞斷了。後來飛回拉法基地降落前，地勤人員在機尾下方放置了減重墊，才得安全降落。

當直昇機飛過安那悉廖城時，駕駛員回過身來大聲的告訴巴旺一個壞消息：「我們已經失去衛星涵蓋。」

在今日微電腦即時通訊時代，美軍使用的全球定位系統，無論是軍用直昇機、運兵車輛，甚至步兵都可以隨時測出自己正確的位置，主要是靠上空的一枚定向衛星。但是，巴旺他們遲到了四十五分鐘，定向衛星已經飛離他們降落點的上空。

「我們還有一套導航裝備，卻沒把握準確的把你們帶到降落點。」駕駛員警告他們。

「只要把我們送到離開預定降落點最接近的地方就好了。」巴旺回答駕駛員，不帶一點請求的口氣。特戰隊隊員一旦遇到困難和意外，必須當機立斷，不能像一般正規軍，這亦是他們引以爲榮而「特殊」的地方。

最接近的地方最後是距離預定降落點以南一哩半的地方，對巴旺他們來說卻比一百哩還遠。他們每人背負一百七十五磅重的背包，包括必需的六天乾糧，以防第十八軍延遲進軍或戰事膠著，補給不繼。挖散兵坑的工具就重達三十磅，加上刺刀、手榴彈、發射器、機槍、彈藥，還有五套無線電通話機，用來互相通話及對空軍戰機聯絡。

軍醫曾給他們吃含高碳水化合物的食物，並且要他們經常做舉重運動，使他們能保持身體中的水份。可是，背著這麼重的裝備，又要多徒步行軍一哩半，確實增添了不少困難。

不過巴旺目送著黑鷹升空飛走並不氣餒。他外號拳師犬，身體粗壯，有一頭金色短髮和一對深棕色眼睛，對執行任務非常認眞，堅毅果敢。他出身俄亥俄州工人家庭，曾做過礦工。爲了追求更好的生活，他進了陸軍，從二等兵幹起，一直到現在做到特戰部隊的准尉。

巴旺對待他的隊員相當寬厚，喜歡讓他們自發的達成任務。或許由於他本身是從基層幹起，深知做部屬的心理。不少老士官對年輕的軍官並不賣帳。同時，戴綠扁帽的特戰隊隊員們也和一般軍人不一樣，如果在受訓期間，學員不能獨立思想，就會被淘汰。巴旺認爲他的隊員旣然都能完成訓練，並肩作戰，也就不必對他們太嚴格了。但是，他要求成果。

巴旺雖然全心投入工作，說起話來卻很柔和，也就是這點特性贏得他太太郎達的青睞。她本人也曾在陸軍服勤，巴旺和她是在德州陸軍某部隊中相識的，當年她是一位會讓人留下好印象的年輕二等兵，巴旺則是特戰部隊的年輕士官。

巴旺並不想談戀愛，他知道嫁給特戰隊隊員是件艱苦的事。他曾警告他未來的太太，他的工作是危險的，爲了執行海外訓練及機密作戰任務，他時常不能在家。不過每當申報所得稅時，他總會很得意的在職業欄中塡上「職業軍人」。

巴旺是對的。他的工作使他的婚姻和家庭生活遭受重大的壓力。他們永遠難忘的是愛女過週歲的那天，他倆都爲公務而必須到軍事基地出差，只好把梅姬寄託在親戚家。當他倆駕車離去時，不禁都哭了。

巴旺受命擔任A五二五作戰特遣隊隊長，不過是兩個月前的事。他們是特戰部隊中少數曾受過潛水訓練的部隊，於是他們爲自己取了一個外號——「鯊魚人」。你幾乎一眼就可認出他們個個擅長游泳而胸膛隆起，加上那副神氣活現的態度。還有一些隊員甚至把乳頭多穿一個孔，掛一條金鍊子在胸前，表示他們的桀驁不馴。

巴旺滿懷自信，因爲隊員多是久經特戰訓練的老士官，資深士官長何浦金就是潛水好手，兼具空降、狙擊和特戰專長，而且是逃亡及迴避敵人的專家。他們這一隊曾經與外界隔離了三週，假想這次任務可能發生的各種不利狀況，然後一一擬訂應變對策，務期達成任務。不過除了武器士官胡佛梅曾參加過格拉納達戰役外，其餘的人都是第一次參戰。可是像今晚發生的狀況，弄錯了降落點，大家都早已胸有成竹，沉著應變。

隊員們彼此幫助，把一百七十五磅重的背包扛上雙肩，步履艱難的越過麥田，在灌溉用的大水溝中低著身形前進，惟恐被人發現。溝中水深及踝，卻不會留下脚印。

在七號公路南邊一哩和西邊二哩的地點，他們停了下來，何浦金士官長和柯崔斯基，隊上的醫務士，曾是高中籃球健將，兩人開始挖坑，將一套 PRC-104 型無線電話機和一部份補給品埋藏起來，如果任務遭遇挫折，他們仍可伺機來此，將這些裝備和補給品取出使用。

巴旺和胡佛梅選定了七號公路東邊約三百碼的地點挖築散兵坑。公路西邊是沙他格拉河，向南流入幼發拉底河。他們選的位置太靠近公路固然危險，但是第十八軍所要的是正確而詳細的報告，要想在黑夜裏透過夜光眼鏡看清楚敵軍的戰車是T-72還是T-54型，就不得不靠近些。

午夜已過，隊員們奮力的挖掘散兵坑，一個在大水溝的北邊，水溝又與公路垂直交叉，另一個則在大水溝南邊。到早晨六點，散兵坑工事已告完成，隊員們爬進坑內，開始觀察。

六點三十分，他們用無線電做了第一次報告，代號是「無角牛」。特遣隊在出動前，曾對蘇俄供應伊拉克的各種武器和裝備有關的情報，花費不少時間去識別和記憶，所以對公路上活動的各種軍車都相當熟悉。同時也要注意行駛的方向，向北轉進或是向南增援。

天色隨著拂曉轉亮，他們不僅看見車輛，「人！你看那邊有人吶！」負責通訊的魏哲夫從方形的小洞中向外觀察，一面向他身旁的巴旺輕聲說。

小孩在公路旁玩耍，帶著面紗的婦女彎著身子從地上拾起木柴，牧人趕著成羣牛羊。才六點半，這裏已經像紐約中央火車站般熱鬧。魏哲夫瞇著眼向外看，巴旺和兩位隊員蹲在他身後。他們聽見聲音了，在此後的三小時中，聲音似乎離他們越來越近了。

情報士官葛德納對他的工作向來很認眞，巴旺對他也頗賞識。他在出動前，對有關伊拉克戰地的情報鉅細靡遺的深具瞭解。他們知道挖散兵坑的地區是有人居住的，附近有一個小村莊蘇維葛齊，就在沙他格拉河畔。指揮部發下的情報分析甚至說明了每平方哩的居民人數。

可是有一點他們估計錯了，在美國冬季裏農民是從來不下田的。情報分析家卻誤以爲伊拉克亦和美國一樣，湊巧衞星照相亦未發現人跡。可是雖在農閒期間，伊拉克農人亦會常到田裏牧牛放羊，撿拾柴火。

巴旺心想，這事有些出乎意料，魏哲夫有點緊張了，孩童們繞著散兵坑四週玩耍嬉笑，距離只有二十來呎了。

「別擔心孩子們，」巴旺輕聲對他說：「只管注意公路好了。」散兵坑僞裝得很好，他們在法德機場實習演練時，曾讓其他特遣隊無法找到他們的散兵坑。事實上，當盟軍發動空軍作戰時，亦曾派出一個小組尋找他們在沙烏地沙漠中演習時所挖的散兵坑，以免被失去控制的飛毛腿飛彈摧毀，結果亦未發現他們。唯一能找到他們的方法，就是從散兵坑的頂上走過去。

果然這事就發生了，坑外的笑聲突然停止了。魏哲夫從坑裏向外望去，一個大約八歲的小女孩正瞪大了眼注視著他，他臉上塗滿了綠褐色的僞裝油膏，嚇得小女孩失聲大叫起來，她大概覺得自己看到火星人了。

他回過頭來緊張的告訴巴旺：「我們被發現了。」

小女孩和她兩個玩伴都跑走了。柯崔斯基和戴哥夫，另一位武器士官，二人各自把漢可勒·柯克(Heckler and Koch)型衝鋒槍上了膛，把槍口伸向洞口，眼看著巴旺。

巴旺明白他們的意思，卻搖搖頭說：「我們不殺兒童。」口氣很堅定。他知道如果他同意，兩位隊員必定會對兒童開槍。外號「拳師犬」的巴旺卻不願在參戰的第一天就槍殺兒童。

其實就算開槍殺死她們亦無濟於事，槍口上的消音器固然可以不出聲息，屍體亦可設法拖進坑中，但是孩子不見了，一定會有人前來尋找，再說他們自己大多已結婚生子，自然不該隨意殺害無辜，所以巴旺當機立斷做出決定。

巴旺拿起無線電話機向距離七十五碼外，躲在另一個散兵坑中的何浦金通話：「我們被發現了，帶著你們的裝備，再過幾分鐘，我們在大水溝會合。」

一處散兵坑被發現，另一處亦絕難倖免，只是時間晚一點而已。他們連忙放棄散兵坑，來不及破壞，丟下沉重的水袋，就趕快轉移陣地，躲藏到附近的大水溝裏。

魏哲夫撐起蜘蛛網似的衞星通訊天線，調好無線電話機，巴旺接過話筒大聲向第十八軍特戰聯絡官喊話：「我們已被發現，急於離開此地，請實施緊急潛出行動。」所謂緊急潛出，就是派遣救生直昇機把他們接出敵境，聯絡官自然不願輕易的派機飛越敵後，而不停的發問：「究竟發生什麼事？情況很糟嗎？一定要我們派機嗎？」

巴旺只簡短的回答他：「是一羣孩子看到我們了。」他希望對方聽得出他急切的語氣。

「好吧！我們會想辦法來接你們。」終於得到了回應。

魏哲夫收起天線，巴旺命令全體隊員再向公路東邊移動三百碼，那裏的水溝較深，便於掩護。到達新陣地後，巴旺從水溝邊緣用望遠鏡向前瞭望，一面對何浦金說：「奇怪，怎麼沒有人來找我們，也沒有人跑去看我們挖的散兵坑？」婦女們仍舊在撿拾柴火，放羊的農人亦未走開，似乎什麼事都未發生過。

巴旺暗自忖度，孩子們可能不知道看見的是什麼東西，也可能知道而未告訴別人，或是說了而別人不相信。他們的散兵坑被發現了，可是對方不見得就明白他們的任務。想到這裏，巴旺再用無線電話告訴軍指揮部，取消緊急潛出的申請，繼續留在敵後偵報敵情。

中午時分，輪到巴旺擔任觀察，他攀伏在水溝邊向外望去，忽然自言自語說：「好傢伙，這裏可眞熱鬧呢！」他看到周圍至少有三十多個人，有的沿著公路散步，有的向他身後的地方走去，大概還有幾百碼距離。他不禁嘆了一口氣。

不一會，他轉過頭來，只見右前方一羣婦女和兒童向他們走過來，不出幾分鐘，他順著水溝向東望去，正好看到好幾個小孩在水溝拐彎的地方探出頭來，孩子們的臉結了冰似的都怔住了，這次卻未聽到尖叫聲。巴旺也注視著孩子們的眼睛，然後滑身下溝對戴哥夫輕聲說：「我恐怕被那幾個孩子看到了。」

戴哥夫身材雖矮卻很結實，他立刻攀上溝邊一看，沒來得及開口，卻又滑身下來，隊員們抬頭看時，只見兩個小孩正在溝旁向下張望，後面還跟著好幾個人。

一個身穿白袍頭繫紅白方格頭巾的中年人，推開孩子們低頭向溝中看，正好和從溝中向上看的特戰隊隊員對了眼。

「沙拉姆、阿來肯。」巴旺陪著笑臉向他們打招呼。他說的是阿拉伯話，意思是「願和平降臨你身。」他想起在受訓時，教官曾教過他們這句話，他還記得問過情報教官，伊拉克人看見美國人會有什麼反應？教官告訴他，他們可能會表示友善，也可能並無反應表示中立，自然還可能表現敵意。

這個伊拉克人只是茫然的凝視著巴旺，面無表情，看不出他是屬於那一型。只見他轉過身就向蘇維葛齊村快步走去。巴旺並未開槍，他知道射殺他沒有什麼用處，後面還有更多的伊拉克人。

果然不錯，剛才走掉的中年人又回來了，巴旺覺得這次他把全村的人都帶來了。還有一些人提著二次大戰留下的老式步槍。

在特戰隊隊員水溝後方的那些伊拉克人看來像一羣不良青年，巴旺喝令止步，他們沒聽見似的仍朝向他走來。他揮動手上的衝鋒槍大吼一聲，他們才慢慢向後退。

他們的行動並不一致，比較膽大的仍然扛著步槍伺機前進，膽小的把步槍藏在袍子下面，躲躲藏藏的。正在此時，四輛運兵車開到，跳下一連伊拉克陸車，巴旺估計至少有一百多人。他連忙用無線電話和第十八軍聯絡。

「我們又被敵人發現了。」他急忙報告，不等對方問話，接著一口氣說：「我們馬上就要開火了，需要支援，我們請求緊急潛出和空軍支援。」他並且簡要的說明了敵軍從四面圍過來的情況。聯絡官體會到情況的確很危急，一旦開火，特遣隊勢難獲勝。

「我們會儘快為你們叫來空中支援，然後實施緊急潛出，不過 F-16 鷹式噴射機半小時後才能到達。」

「我們可能會有麻煩了，」他放下話機對隊員們說：「快把這些通訊器材銷毀。大家把身上的背包和無線電通訊器材集中成一堆，包括對軍司令部通訊用的密碼本，一切遵照演練多次的緊急銷毀計劃。哈利斯拿出塑膠炸藥包，裝置一分鐘的定時引信塞入堆中，只保留了一部 LST-5 型與軍司令部聯絡用的高科技衛星通訊機和二部小型的PRC-90型求生用無線電機。」

在約四百碼外的敵人慢慢圍了過來。裝備AK-47型衝鋒槍的伊軍分由左右兩路逼近，民兵則從後面追來。伊軍擠成一堆，在平地上昂首大步的前進，顯然訓練不夠，巴旺吩咐隊員們等他們先開火才還擊。

周圍也湧來許多沒有武裝的老百姓，老人婦女和兒童們趕來看熱鬧，希望親眼看到美國兵被打死或被擒。

眼看敵人從四面圍近，巴旺按下定時開關，然後帶領隊員們向東急行，順著水溝，蜿蜒前進，希望能找到一處適當的防禦據點或一條逃脫的小路。他努力設法不跟敵軍交火，因爲他們的人實在太少了，絕不是伊軍的對手。

這時伊軍已走近那堆背包和通訊器材，突然一聲巨響，塑膠炸藥引爆了，帆布袋、無線電器材帶著泥土四散分飛，嚇得伊軍連忙後退。

伊軍緊接著向特遣隊開火。一時槍聲四起，有幾顆子彈落在巴旺身旁，周圍的泥土被激起又墜落在他頭的四週，他覺得還是用老式步槍的農民射得比較準。

隊員們蹲下身子躲在水溝中，槍彈在頭上一陣陣呼嘯飛過。「這可大不妙。」巴旺喃喃自語著。F-16還要二十分鐘才能趕到。伊軍節節逼近，還不停的發出令人血液凝固的可怕吼聲。戴哥夫和柯崔斯基在隊中一向是很要好的朋友，現在他們各自據守一方，彼此無奈的招招手，似乎在作最後的告別。

特戰隊會投降嗎？如果再有戰車和裝甲運兵車從公路上開到，他們會豎白旗嗎？

才不會吶！戴綠扁帽的特戰隊員是戰爭的高價位資產，他們腦子裏裝滿了各種機密資料和祕密作戰計劃。他們出動作戰前，就把隊徽和代表階級的配件完全拿掉，倘若被俘，敵人亦不會知道他們的身份。

但是，也難永遠瞞過敵人，巴旺心想如果他們投降的話，不會只吃一點苦頭，或出現在巴格達的電視新聞中而已。伊軍會使他們把所知道的情報完全說出來，然後處死。

不投降的決定並非在慌張中做成，這就是特戰部隊與一般正規軍不同的地方。他們是久經征戰的老兵，決非尙待成長的新手。他們是美國陸軍中的職業軍人，雖有不少已結婚成家，卻個個都是自願投効特戰部隊，擔任出生入死的危險工作。普通士兵是不夠資格申請的，必須在正規部隊中歷練好幾年，升任士官之後才行。

面臨這種危急狀況，他們曾多次演練。如果一般部隊被敵人以優勢包圍，必會集中兵力設法突圍，可是這些特戰隊隊員卻寧願採各個擊破的戰術，因爲他們個個射擊技術精良，稱得上神槍手。而且，他們的彈藥有限，亦不允許隨意浪費，每粒子彈必須命中敵人，他們才會開槍，全憑眞本領達到以寡擊衆的目的。

胡佛梅和戴哥夫在他們的 M-16 步槍上裝好 M-203 型手榴彈發射器，向兩翼的敵軍開始發射四公分口徑手榴彈。敵軍立刻停止前進。

隊員們這時在巴旺的指揮下，紛紛向敵軍開火。八位隊員中有五位是曾受過特別訓練的狙擊手，他們的 M-16 步槍裝上望遠瞄準具，能命中五百碼外的敵人，敵軍的 AK-47 步槍在射程和命中率方面都不是對手。敵軍接近到特戰隊隊員的射程內，未及開槍，就先被擊倒在地上。

已接近特戰隊的敵軍卻付出了更大代價，巴旺和何浦金端著漢柯型 MP-5 型衝鋒槍，配備紅外線雷射瞄準具，最適用於近距離作戰。交戰不到十分鐘，八位隊員就沉著而冷靜的解決了約四十名敵人，逼使對方匍伏在地面，暫停前進。

這時，有一婦人向前跑來，隊員們以爲她是來救護傷亡的，她卻拾起掉在地上的步槍，準備開火。一位隊員先發制人，一槍把她打倒。戰場上是不能仁慈的，她拿起槍對抗就是敵人。

接著孩子們出現了，隊員們按兵不動，確定他們是來收拾屍體的，這才鬆了一口氣。

F-16 戰機終於從南方飛臨上空了。飛行員不禁暗自思量，這些美國軍人怎麼會深入到這麼遠的敵後，究竟幹些什麼。特戰隊隊員們立刻歡呼起來，通訊軍士魏哲夫抓起僅餘的 LST-5 型長程陸空通話機，這種通訊裝備是指示戰機攻擊敵人目標的利器。但是，他卻找不到那條專用的天線，大概是從散兵坑撤出時遺失了。

巴旺可以聽到飛行員從兩萬呎高空發出的請求，要他們指示攻擊目標，自己卻因爲沒有天線而無法回答。飛行員收聽不到地面的通話，就不會對地面攻擊，因爲怕傷害了被圍困的自己人。

葛德納臨時抓起一具碟形天線，將插頭插進 LST-5 型話機，這種天線只能在單向發話時才起作用，他把天線對著掠過上空的 F-16 戰機，一面對它呼叫。

「衞兵，我是牛仔，」LST-5 型話機響起話聲，衞兵是特戰隊的呼號，牛仔正是 F-16 飛行員：

「我們聽到你們的呼叫，可是一下子又斷了。」葛德納試著把碟形天線對準戰機，但不發生作用。

「衛兵，如果我們在一分鐘內收不到你們的發話，就要對南邊的目標進行攻擊了。」戰機飛行員用無線電話告訴特戰隊隊員。地面的人還是無法對戰機發話。F-16 戰機就對南邊約三哩的一處通訊站展開轟炸。

炸彈爆發了，婦女和兒童們嚇得四散奔逃，這會可不必再擔心傷害他們了。可是敵軍和村裏帶槍的男子仍在匍匐前進。

除非立刻設法與空中的戰機完成通話，飛行員只好眼看著美軍的陣地被敵軍攻陷。

戴哥夫這時發現一具未銷毀的 PRC-90 小型無線電，他問通訊士官可否派上用場，通訊士表示這不過是用來求生的，有效通話距離並不遠；而且，支援的戰機平時是不會開放這個緊急波道的。戴哥夫比較固執，他覺得試試又有何妨，他拿起話筒一遍又一遍的呼叫：「我是衛兵，有人在這波道上嗎？我是衛兵，聽見請回答。」

戴哥夫等了一會不見回音，正準備放棄，卻從話機中傳來微弱的回音。那是來自波音七〇七改裝的 E3 型空中巡邏預警機，裝備多型雷達，專司偵測敵機動態。這種飛機經常都保持緊急波道的守聽。他問明了戴哥夫的處境，立刻聯絡上 F-16 戰機，要他們馬上改用緊急波道和特戰隊隊員聯絡。

隊員這才順利的與戰機達成通話，指引 F-16 戰機攻擊由七號公路來增援的敵軍。戰機投下一枚殺傷彈，這種炸彈會在空中爆炸，變成無數小子彈，散佈面廣，殺傷力強，還會發出爆米花似的噼啪聲。接著，戰機又對周圍的敵軍投下兩千磅重的炸彈，轉眼間天崩地裂。為了使敵軍不敢繼續逼近，巴旺指引戰機轟炸的地點距他們自己藏身的水溝越來越近，危險性大增。特戰隊也實在是不得已。

時間已是下午了，巴旺接到由 F-16 戰機轉來第十八軍發出的壞消息，負責潛出的直昇機要等天黑之後才出動。白天到敵處救人確是太危險了。天黑之前，指揮部所能支援的就只有 F-16 戰機了。

錄影機曾把「沙漠風暴」戰爭中美軍巧妙的使用炸彈摧毀遠距離目標的實況，帶到美國家庭電視螢光幕上，現在這八位特戰隊隊員所面對的情況既眞切又危急。敵軍正在水溝中低身前進，準備正面攻擊，何浦金不停的用無線電話機引導戰機轟炸十分接近的敵軍，幾乎已忘了自身的安危。巴旺拉著葛德納並肩向前衝了約一百碼，與逃避轟炸的敵軍前鋒迎面碰上，相距不過二十來呎。他們立刻用衝鋒槍猛射，不少敵軍未及開槍就應聲倒地。他倆在跨過地上的屍首行進時，忽然聽見一陣痛苦低沉的呻吟。

他們看到了一個伊拉克士兵仰面躺在血泊中，腿已被殺傷彈打碎，肚子也不停的流著血，可能是被他們打傷的。葛德納用機槍對著他，巴旺低下身去把他的武器拿開，只見那伊兵臉如白紙，粗密的鬍子顯得更黑了。他的頭向巴旺微微轉了過去，咯的一聲就噎氣了。巴旺事後時常會想起這副慘死的景象。

當時所想到的只有如何逃生，他們從地上撿起敵軍的步槍，一路向西奔逃，經過爆破自己通訊裝備的地方，又拾取一些未炸毀的裝備。這時七號公路上開來更多軍車，下來許多敵軍，何浦金忙著指引 F-16 戰機對敵軍投下更多的兩千磅炸彈。

太陽快下去了，直昇機卻還須一小時後才會飛到，天色轉暗給特戰隊又添了個難題，他們幾乎無法引導戰機攻擊要摧毀的目標。七號公路上堆集了被炸毀的軍車殘骸，敵軍仍然不放鬆包圍。F-16 戰機雖在上空巡邏，但因天色漸暗使他們的攻擊威力減低。

可是，特戰隊今天的運氣特別好，戰機轟炸，加上隊員中狙擊手的神射，使伊軍心生畏懼，未再繼續進逼。雙方都在緊張中對峙。這時第十八軍正在快速的向南方幼發拉底河挺進。

快到晚上八點時，巴旺聽到直昇機槳葉拍打空氣的響聲。第一六〇救生隊來早了些。後來才知道他們在天未黑時就起飛趕來了。特戰隊隊員隨即向東轉移到一處較安全的地點，圍成一個小小的防禦圈，引導這兩架黑鷹式直昇機降落。

直昇機幾乎就在他們的頭頂降落下來。特戰隊隊員們飛快的完成登機，直昇機立刻起飛，一路擦著地面低空向南飛行。飛回沙國途中隨時仍有被擊落的可能，但是巴旺和他的全體隊員總算安全返防了。

隊員們在直昇機上得意的鼓掌叫囂，他們深深的吸進含有煤油和潤滑油味的空氣，慶幸自己從伊拉克境內的惡夢中死裏逃生，被直昇機拯救脫險。回到基地後，他們要按例將任務經過提出詳細報告。巴旺在途中想了一下，上面會不會對他們的潛出不大滿意，甚至認爲是失敗？

答案以後自會明白。當巴旺和特戰隊隊員們飛回基地時，已有四十八小時未闔過眼，個個都累垮了，他們只對自己能生還的事實非常高興。

結果正與巴旺所想的相反，他們受到英雄般的禮遇。其實這也是理所應當的。在「沙漠風暴」這場戰爭中，他們是為數甚少曾和敵軍短兵相接的美國軍人。作戰飛機、戰車以及精確的遙控導向武器，事實上主宰了整個戰場。

巴旺率領的分遣隊，曾將七號公路的運兵情況報告指揮部，加上其他未被敵人發現的分遣隊偵測報告，西戰場指揮部根據這些準確即時的情報，做出正確判斷，果然敵軍未動用北方的部隊，盟軍得以順利的揮軍前進，對敵軍完成兩翼包圍，使侵佔科威特的伊軍措手不及而遭受奇襲。

美國特種作戰部隊在「沙漠風暴」中曾建立不少奇功：空軍特戰部隊曾用直昇機突擊敵軍防空雷達。心理作戰單位用紙彈代替槍彈，在敵軍陣地投下上噸的傳單，促使成千上萬的伊軍向盟軍投降。海軍「海豹」(Seal)特戰部隊曾在科威特海岸發動兩棲登陸佯攻，牽制了兩師敵軍。三角突擊隊偵察瞄準以色列的「飛毛腿」飛彈。特戰隊的一位醫務人員還曾為科威特動物園中的大象治過病。

但是特種作戰及人員的本質和特性，不難從巴旺和他的七位隊員在敵後執行任務的驚險過程中見到。美國軍方估計，包圍特戰隊隊員們的敵軍和民衆共約一百五十人，當黑鷹式直昇機救出特戰隊隊員飛離戰地時，只看到二十來個敵人，其餘都被戰機投下的炸彈和狙擊手消滅了。他們能夠以寡擊衆、死裏逃生，都應歸功特種作戰訓練的成功和隊員們的驍勇善戰。

在二十比一的懸殊比例下，達成任務而無一人損傷，巴旺領導有方，獲頒銀星勛章。七位隊員也各得銅星勛章一座。

他們這次任務曾經保密了三個多月，一直到盟軍對伊拉克發動空中攻擊之後，世人才知道沙烏地阿拉伯駐有美國特戰部隊。我在一九九一年五月裏一個暖和的晴天，走訪在肯塔基州甘布堡(Fort Campbell)的巴旺，他在此之前，也從未向他人吐露過有關這次任務的片語隻字。

結束採訪之後，巴旺回家才把作戰經過告訴了他的妻子郎達，她覺得很害怕。前些日子她看見新聞報導有關戰爭的消息時，就會想到丈夫可能已犧牲而哭了起來。

特種作戰對軍人家庭來說是相當艱苦的。在這個全男性單位中離婚率也偏高。有的隊員一年中有十個月要在外執行祕密任務或擔任訓練工作，而且不能告知家人在哪裏或做些什麼，也有些隊員用事先約好的密語告訴妻子人在何處。多數隊員的妻子都知道還是不問爲妙。丈夫遠行，她們就成爲單親，要獨力扶養兒女長大，所以他們的婚姻頗難持久。尤其害怕的是夜半有軍人來敲門，帶來可怕的壞消息。

爲了替《新聞週刊》撰寫「沙漠風暴」中美軍特戰部隊戰績的特刊，我曾費了一個多月的時間和美國特種作戰司令部洽商，才獲准採訪巴旺和將近四十位特戰人員。一般特戰單位不大信賴新聞媒體，經常保持一定距離。不過特戰司令部也很明瞭在後冷戰的今天，國防預算緊縮了，各軍種都在努力爭取經費，所以不妨開個縫，讓社會大衆得知一些特戰部隊的成就。

《新聞週刊》〈沙漠風暴〉特刊出版後，五角大廈少數高官果然認爲特戰司令部有意將作戰史料交我撰文發表，以保障預算過關而頗表不滿。其實我自己費了很大力氣才獲准採訪，特戰司令部也非常不願意解除任務的機密等級。時至今日，他們仍不願對外透露許多「沙漠風暴」有關的作戰。

但是其他國防單位對我所撰述的報導頗表不滿。國防部本身就對特戰司令部另眼相看。美國軍人固然是由游擊戰產生的，當年共和軍曾偷偷躲在大樹後面偷襲穿紅外衣的英軍隊伍在萊克辛頓(Lexington)和康可(Concord)行軍。可是，美軍建制一直朝正規軍方面發展，從未借重過非正規軍，亦就是特戰部隊。美國陸軍近兩百年來發展成一支強大的正規部隊，觀念上相信以優勢武器和兵力進行消耗戰擊敗敵軍，並不注重在戰場上運用戰術出奇制勝。

游擊戰在美軍傳統中並無地位，直到二次大戰後，才爲美國軍事學說正式認同，但不受重視。游擊戰術不過是打了就跑，目標往往是老百姓。歐洲方面則對祕密性高的游擊戰久已發生興趣，不過他們作戰的方式和美軍不同。美軍游擊戰術包括隱密行動、顛覆、偷襲和打了就跑。

參與特種作戰的軍人也不爲人重視。特戰隊隊員都是精挑細選而經過嚴格特戰訓練的戰士，也就是因爲他們太優秀而不免遭嫉，他們能夠完成一般正規軍人所不能達成的任務，諸如暗中破壞、切斷補給和像巴旺這些隊員們深入敵後一百五十哩躲在地洞裏偵察敵軍動態。小說和電影都認爲他們是光榮的戰士，但是美軍將領卻並不願意在他們的正規軍中有特戰單位。美國軍方素以擁有強大陸軍而自傲，歐洲卻稱譽特戰部隊爲軍中菁英，如法國外籍兵團和德國的暴風特攻隊(Storm Trooper)。

美軍將領對特戰部隊並不信任，司令官不會喜歡不受控制的部隊，這自是常情。特種部隊作戰的本質就是非常不正規而不容易控制的。麥帥在二次大戰中就不許特戰部隊在他戰區活動。在越戰中，美軍將校也認爲他們不過是一批受過軍訓的殺手、傭兵，陸軍中的另一支陸軍。

陸軍和海軍的特戰部隊曾爲美國中央情報局折磨過戰俘、暗殺越共領導人物。祕密活動有時亦會遭人揭發，觸犯了法律而使政府難堪。一九八〇年代，五角大廈就曾爲伊朗軍售弊案弄得焦頭爛額而受調查，有無貪瀆及任意發動祕密軍事作戰。美國的三角特攻隊和海軍「海豹」特戰隊第六組等著名反恐怖組織的財務亦曾受調查。負責調查的單位曾發現五角大廈祕密作戰單位，用報稅人的錢購買頭等機票及住宿大旅館的豪華房間，甚至還買了一具熱氣球和一輛英國名車羅斯勞斯。這些祕密戰士在電影中被渲染成藍波似的傳奇人物，在軍中卻被視爲孤僻而不合羣的人，平時需要嚴加統御，任務失敗時還要設法援救他們脫險。

他們眞是這樣的嗎？在十年越戰中，特戰部隊曾挖過六千四百三十六口井，修了一千二百一十哩的路，建造五百零八處醫院和醫務所。特戰部隊官員曾對伊朗軍售弊案調查結果表示並無特戰人員涉案。諾斯中校(Oliver North)是海軍陸戰隊的人。

從多方面來看，特戰訓練並不是要把學員培養成兇狠的殺手，不似正規軍訓練他們的軍隊慣用優勢火力制服敵軍，用面而非點的攻擊。特戰隊隊員不隨便殺人。一次成功的任務要求的是悄悄潛入，完成任務後再悄悄潛出，不必要的殺戮只會使任務曝光。

如果美軍將領認爲特種作戰部隊用途不多，美國政治家卻不同意，祕密行動本是由來已久的戰爭。原子武器已使今日超級強權的正規軍只能發生嚇阻作用，祕密的非正規部隊已成爲第三世界冷戰競爭中的有利武器，因爲祕密行動易予否認。美國總統覺得手邊隨時能掌握一支軍隊，對付那些違反國際常規而與美國作戰的敵國是非常有用的。這些戰爭並不經由正規軍事指揮系統，有時甚至政治家本人亦不想知道。

有許多戰爭是正規軍所不能打的，諸如政治戰、經濟戰、心理戰，這些被軍方稱爲「低強度戰爭」是爲貫徹思想，爭取原則的鬥爭，很少有人死傷，也不是步兵師、戰車作戰飛機和數量優越的戰鬥部隊可以解決的。特戰部隊打的是游擊戰、反游擊戰、軍事政變、恐怖主義、短兵相接，包括經濟和心理作戰。二次大戰結束到今天，全球各地已發生過一百二十次這種戰爭，相較之下，核子戰爭現在似乎離我們越來越遠了。美軍在二次大戰後實際只打了兩次仗，韓戰和波斯灣戰爭。越戰就是被稱爲低強度的非正規作戰，卻被誤認爲正規作戰。

二次大戰、韓戰和越戰相繼結束，美國陸海空三軍幾乎將他們的特戰單位全部解散。後來經過不少爭執，五角大廈才逐漸認識重建這些單位的重要性。在每年各軍種爭取國防預算時，因爲他們的特戰單位都是零星的散佈各地，所以相當吃虧。佩戴三叉戟圖案臂章的海軍海豹特戰隊隊員，以及肩掛藍色五角星中間加紅點臂章的空軍特戰中隊隊員覺得他們在軍中已無前途可言。陸軍並曾一度想下令禁止他們戴綠扁帽，將領們也曾喊出「不要再提起越南」的口號，希望把那場「低強度」的非正規戰忘卻。五角大廈正熱衷於在歐陸部署洲際飛彈來對付蘇聯的洲際飛彈，或忙於研究如何擊退華沙公約國對中歐進攻的計劃。

但是實際上有許多衝突都不是出於傳統作戰方式，軍方事先亦無適當對策。一九七五年，企圖營救美國「馬雅貴」(Mayaguez)號貨輪而發動的突擊作戰，由於國防部的計劃不週而失敗。一九八〇年，爲營救被困在德黑蘭美國大使館中的五十三位美國人質，因爲一架美海軍直昇機與美空軍運兵機在沙漠上空相撞，犧牲了八位飛行員及特戰隊隊員。兩年後，義大利的恐怖組織紅旅(Red Brigate)又綁架了美陸軍准將杜濟(James Dozier)，五角大廈、國務院與中央情報局爲了爭論哪一個單位應該負責營救行動而耗費不少時間。一九八三年，一座靠近貝魯特機場維持和平的美軍無武裝軍營，被狂熱回教徒錫葉派用裝滿炸藥的卡車突襲，造成二百四十一位美國海軍陸戰隊隊員死難。在格林那達攻擊戰中，至少有一打以上的特戰隊隊員因作戰計劃不周詳而導致傷亡。

國會於一九八七年責成國防部成立一個新的美軍特種作戰司令部。五角大廈官員如果仍把特戰隊隊員看成二等國民，伊朗救人未成和攻擊格林那達失利都會重演。將領們對國會干預軍事深爲不滿。但是，議員們卻堅持特戰部隊應由更具影響力的單一司令部指揮。

林德西將軍(Jim Llindsey)，一位曾在越戰中建功而好吸雪茄的傘兵出任第一位司令。許多同袍都不贊成他出掌這個新單位，因爲五角大廈曾力表反對。但是林德西將軍的表現，不僅是久戰沙場的名將，也是深諳外交的高手。上任後不過一年多，他已掌握了大多數的特種作戰單位。

特種作戰司令部總部設於佛羅里達州田壩城(Tampa)的馬克迪(Macdill)空軍基地，全體人員共約四萬六千人，陸軍最多，約三萬人，由素負綠扁帽盛名的特戰部隊和陸軍突擊隊聯合組成，外加第一六〇特種作戰航空團、心理作戰大隊、戰地政務營等單位。海軍約有五千五百名「海豹」特攻隊隊員及支援他們的部隊。特攻隊擔任兩棲特種突擊及水上作戰。空軍方面約有九千五百名空中特戰隊隊員，擔任特戰直昇機敵後祕密任務及一般空運工作、空中加油及對地火力支援等任務。

此外還有司令部中最機密的一千三百名屬於聯合特種作戰指揮部的特戰隊隊員。五角大廈通常不願承認這些部隊的存在：陸軍的三角特攻隊(Delta Force)和海軍的「海豹」特攻隊第六組。他們的特長是反恐怖作戰和執行祕密特種作戰任務。然後還有一個擔任特攻的突擊隊，外加祕密的陸軍和空軍直昇機隊以及情報單位。

不受美軍特戰司令部統轄的特種部隊還有聯邦調查局的人質救生小組，那是仿傚三角特攻隊組成的。海軍陸戰隊也有一些特戰單位是由他們自己指揮的。

中央情報局有他們自己的特種作戰大隊，由二百位男女隊員組成，情報界習慣用SOG稱呼他們。這些隊員多半是從前軍中的特戰人員，主要的工作是以平民身份潛入外國，祕密訓練他們的軍隊。例如在尼加拉瓜及宏都拉斯訓練叛軍，以及對拉丁美洲進行不同的緝毒作戰。

當他們人員不敷而不能獨力達成任務時，或在很少有的情況下，必須進行祕密作戰，他們也會向五角大廈的特戰單位借兵，軍方稱之爲「洗羊」(Sheep Dipping)。借調期間，他們的名字也暫由五角大廈移轉到中央情報局。海軍「海豹」特攻隊曾在一九八四年被借用，到尼加拉瓜港口祕密佈雷。陸軍特戰隊員也曾被借用，到俄軍佔領的阿富汗訓練莫哈希定(Mujahedeen)叛軍。

爲了保護各軍種對國防預算的爭取，國會曾賦予特種作戰司令部相當充分的自主權。特種作戰司令部有自己的預算，與其他作戰部隊不同，而且金額還在逐年增加，縱然其他國防單位預算常被削減。他們甚至設有研究發展單位，爲未來祕密作戰所需的高科技裝備器材進行研發。難怪有人認爲特種作戰司令部將來很可能成爲陸海空三軍之外的另一新軍種。這也是保守的美軍將領所不欲見的。

特種作戰部隊近年來在布希總統任內曾有良好的表現，一九八九年美國進軍巴拿馬，四千名特戰隊隊員在新成立的特戰作戰司令部火力翼護之下，完成各項艱險攻擊任務。三角特攻隊曾救出被囚禁的美國人，追蹤強人諾瑞加，海軍「海豹」特攻隊炸毀了他的私人飛機和船艇。陸軍特戰部隊使他的運兵車隊不能繼續前進。心戰單位的喊話使不少巴拿馬士兵棄械投降。一年之後，八千七百五十四名特戰部隊奉命部署在「沙漠風暴」戰爭中，從科威特把海珊的佔領軍趕走。

但是儘管媒體把他們的任務報導得如何驚險動人，包括我自己也是，特戰部隊卻每次必須爲參加戰爭而努力爭取。當沙漠風暴之戰接近尾聲時，史瓦茲柯夫將軍固然曾嘉許特種作戰部隊對盟軍勝利之重要，他本人卻並不信任特戰部隊而認爲他們只會製造困擾。經過五角大廈的施壓和特戰司令部的大力遊說，史將軍才准許部份特戰部隊參加波灣戰爭，並且始終對他們嚴加控制。

史瓦茲柯夫將軍對特戰部隊的態度不足爲奇，高級將領間對他們亦不信任。了解而能賞識仍在成長中的特戰部隊能力的將領並不多。可能在下次戰爭來臨前，特戰部隊仍需力爭上游。至於與其他軍種間的關係，特戰部隊必須認清本身在後冷戰時代的地位。

直到今日，特戰部隊仍然是神祕而遭人誤解的——不僅是外行人，也包括國防部人員在內。五角大廈公關官員稱他們是「安靜的專業人員」，自由人士把他們描繪成「爲激進派工作的嗜殺傭兵」，多疑的將軍們則認爲他們是「無法無天的殺手」。

這些說法言過其實而無一正確。當特戰隊員擔任祕密任務時，他們要具備外科醫生般的冷靜，會計員般的細心，科學家般的頭腦。但是他們也不是機器人，預先安排打一天仗，第二天就被冷藏起來。對外行人來說，戰爭是地獄，卻正是他們的專業。特戰隊員驍勇好戰，他們可能粗俗不恭，卻能從驚險的戰鬥中得到歡樂，如同巴旺這次在敵後所完成的祕密任務，使他們感到刺激興奮。特戰隊員是複雜而與衆不同的另一種人。

空軍特種作戰司令部設在佛羅里達州侯伯特機場(Hurlbert Field)，在軍官俱樂部附近有一家霍克酒吧，軍眷婦女不敢穿著紅色衣服進去，因爲那是代表他們直昇機隊的隊色，可能會被飛行員撕破用來做圍巾。但是，許多空軍特戰飛行員滴酒不沾，因爲只要一次酒後駕車被查獲，就會調差。

三角特攻隊心戰人員對他們特攻隊隊員的勇猛而有節制的表現，深爲敬佩。特攻隊隊員有半數都是有家室的三十來歲的人。每天工作完畢總會回家，也有不少是虔誠的教徒。

在布雷格堡，戴綠扁帽的特戰隊隊員仍舊喜歡留小平頭，戴勞力士手錶，保留著離婚證書，作爲參加越戰的證物。有的隊員喜歡到離費特佛(Feyetteville)城不遠的雅痞酒吧小酌。

海軍「海豹」特攻隊會在酒吧檯上點燃蘭姆酒來紀念他們死去的同志，也有人先在遺囑上證明由他自己負責這筆費用。可是在加州可樂納多城「海豹」總隊部內的食堂中，也爲關心健康的隊員們準備了沙拉吧，以防攝取過多膽固醇。

加入特戰部隊的戰士都覺得自己不適合當正規軍。但是，身粗氣壯和不怕死的很少能通過甄選考試。今日的特戰戰士非常注重團隊合作，喜歡單打獨鬥的常會使戰友喪生。

少數的特戰隊員在退伍後成爲傭兵，也有爲營救在越南的美軍戰俘而効力，還有一些則爲第三世界中獨裁者所僱用。他們使爲金錢而冒險的傳奇繼續流傳。但是大多數的隊員與其他退伍的軍人一樣，成爲商人，承包國防工程，或者擔任顧問，到學校當敎師，甚至去釣魚。也有不少退伍特戰隊隊員想發揚所學技能而開設了保全公司，保護客戶的生命財產，但是大多失敗了。可見他們雖有豐富的戰鬥經驗，卻缺乏做生意的本領。

特戰隊隊員認爲約翰韋恩和羅納雷根是他們的偶像，雖然前者一輩子也沒當過兵，雷根也從未關心過他們，還不如民主黨自由派的甘迺迪總統。我發覺特戰部隊官員對森林生活精明老練，卻對華府政治了解不足。特戰部隊多在第三世界國家服勤，但其中很少有黑人，我也找不出人種歧視的證據。不過，拉丁美洲、亞洲人和東歐後裔倒不少，在三角特攻隊中卻意外的看到不少北美印第安人。

特戰隊隊員中在越戰期間確有不少無法無天的殺手，現在仍可能找到一些，但是現在已被一批新進而較文明的份子滲透。軍官們更關心人權，覺得牙咬匕首的兇惡形象已有點過時了。他們實際上自稱共和黨保守派。據他們的妻子或女友說，他們大多是熱愛國家的。滿身肌肉的大力士型很容易在訓練中被淘汰，由於對智力的要求重於體力。士官們必須通過與軍官同等的智力測驗才能參加特種作戰單位。軍官中大多數都有學位，有不少曾擔任過環保工作，他們的觀念也較開明，譬如贊成墮胎合法化。他們所受的訓練在軍中亦是非常有創意而求新求變的。

穿透神祕之網探照他們眞正的生活是艱難的。海軍「海豹」特攻隊一位隊員曾對我說：「我們的行爲有時很像變色龍，猶如你將稱呼不同的情報工作加以分隔，我們學會了用自己的人格去做。當你執行任務時，表現出你兇猛的一面，與你牽著子女上教堂，慈祥和睦的一面完全不同。」

我也曾見過一些冒牌的特戰隊隊員，他們往往喜歡在一些公共場合大言不慚的吹噓參加特種作戰的驚險經過，其實不是從書本上看到的，就是聽人家說過的。眞正的特戰隊隊員絕不會在公共場合說出有關任務的話，他們儘量避免新聞記者，生怕自己的名字上了報紙。他們已習慣保持沉默，幹這一行，口風如果不緊，會有人因而喪命的。

休閒時他們也是集體行動。「海豹」特攻隊每逢星期四晚上會聚集在加州科羅納多城橘子街的一家愛爾蘭酒館飲酒談心。陸軍特戰隊隊員和他們的太太只同自己人交際往來，三角特攻隊在布雷格堡總隊部有他們自己的酒吧，也是年輕隊員們常去消遣的地方。在基地其他的士兵俱樂部中，他們隨時要提防有人偷聽。在一般場合中，他們表現出禮節周到，回到周圍有鐵絲網環繞的宿舍中就隨便多了，個人的能力比階級還重要。

爲了寫這本書，我曾經約談二百多位特種作戰人員，從新招募進來的到高級軍官，以及他們的妻子。我是第一個奉准採訪他們祕密訓練的記者。我曾和他們共度過許多時光：在寒冷的黑夜裏，蜷縮著身子一同烤火，在山谷中穿梭飛行的直昇機裏，在隨著波濤起伏的橡皮艇中。我所得到的印象與電影中所描述的完全不同，也和各媒體同行的報導頗有出入。

我發現特戰部隊不是由大力士阿諾或席維斯史塔龍那種肌肉特別發達的人所組成，並不是說特種作戰單位中沒有這種人。我覺得他們是一羣多方面而很富人性的戰士，可以在任何美國小城中找到，好像從俄亥俄州煤礦來的巴旺，從馬里蘭的東海岸，從堪薩斯州的農莊，從洛杉磯的郊區，從紐約的街頭。但是他們只有和自己部隊的人在一起才會眞正覺得舒服，這也是他們與正規部隊不同的地方。

如果用一般人可接受的定義來說，我覺得他們是出於強烈的冒險心，爲追求生命中不平凡的事物而參加特戰部隊的。他們都是人格高尙，深信自己能力，企圖心強而力求完美的人。爲了求成功，他們甚至會與家庭親友隔離。在精神和身體方面，對他們的要求都較正規軍嚴格。他們是既堅定又機動，崇尙個人主義，卻更注重團隊精神。他們是美國的祕密戰士，這就是他們的故事。

第一篇　特戰隊員的養成

第一章 知更鳥與靈艾演習

一九九二年二月二十日星期四，下午七點三十分

史濩生坐在直昇機中覺得意外的沉悶，他曾經聽過美國陸軍祕密直昇機單位第一六〇航空團的故事，他現在坐的就是就是這航空團的 MH-47 型全黑色齊奴克（Chinook）式直昇機，機上裝滿了各式的電子航空儀器和反電子作戰裝備，俯衝時可以把乘員彈起碰到機頂。史濩生只盼駕駛員以正常的速度平穩的前進。他和十五位受訓的特種作戰學員背著背包，擠成一堆沙丁魚似的坐在機中。頭頂上四支淡藍色的電燈，投射出異樣的光來。

直昇機駕駛員關掉了機外的所有燈光，帶著夜間透視眼鏡，在北卡羅林那州南邊的皮德蒙（Piedmont）的夜空中，保持穩定的航向，在松林和煙草田上向前飛去。對史濩生來說，坐直昇機這段時間是他們往後兩個禮拜中最平靜的時刻。

史濩生是步兵上尉，由他制服上佩戴的標幟，就可看出他是一位年輕而上進的軍官。他佩有空降臂章，表示他曾跳過傘，先遣隊徽章代表他是一位合格的先遣隊員，能在偏遠的戰地引導運兵機在森林中的降落區落地。此外，他還戴著一枚資深步兵獎章和一枚突擊隊員肩章。

突擊隊員肩章得來不易，六十五天持續行軍，每晚睡眠只有兩小時，一天只吃一頓，在一偏遠的陣地中，使他們餓得發慌，對食物興起令人難信的幻想。突擊隊員訓練特重領導及體力的磨練。訓練結束後，史潢生覺得自己的身體快崩潰了。他曾發誓再也不來了。

但是，他現在又將完成陸軍所提供的最不平常的訓練。在兩星期後——如果他不犯錯——將可在他制服上增添一枚徽章，這一個就是「特種作戰部隊」隊徽，頭上也可戴起綠扁帽，如果順利完成這為時兩週的訓練。

在直昇機引擎震耳欲聾的響聲中，一位機員向史潢生大聲叫著，想遞給他一副耳機，可以收聽駕駛員無線電通話。

史潢生卻搖搖手表示不需要，他覺得直昇機反正很快就會降落了。

可是，他錯了。如果他接過耳機收聽到駕駛員的對話，就知道到達目的地沿途所經過的地點，也可證實駕駛員是否降落在正確的地點。直昇機上的高科技定向裝備有時也會發生故障的。祕密作戰的第一條守則就是不要相信別人對你說過的任何人或任何機器所能做的事。

史潢生這回犯的錯被寬免了，直昇機並未迷失方向。一位機員豎起一根手指，大家都做出同樣的手勢，讓後面的人都明白，還有一分鐘就降落了。

直昇機著陸時跳了一下，機後的大門立即打開，跳板放下，學員們各自背起背包，嘴裏喊著：「快走！快走！」蜂湧似的衝了下來。

直昇機降落在北卡羅林那州侖道夫郡柯里基村西南三哩的一處農家的土跑道上，學員們下機後，圍成半圓形，直昇機在地面停留不到一分鐘又飛走了。

學員們藏身在草叢中等了幾分鐘，讓自己的耳朵能適應夜間的寧靜，沒有人講話，大家只用手勢比劃。

一位身穿棕色夾克，頭戴棒球帽的農人，在跑道另一邊，背靠著一輛兩噸半卡車，向他們揮手招呼。

史潢生率領半數學員低身前行，在卡車周圍佈防，其他學員很快集聚在車後，他目不轉睛的盯住卡車後方的田野，這時如果敵人來攻擊，他們只有挨打的份。

「快點！」他喘著氣輕聲說，一面跟著最後上車的學員爬上車。

卡車在暗黑的雙向路上向南飛馳，史潢生和幾位學員用筆型手電筒在地圖上聚精會神的找出司機所經過的橋樑，參考行駛的方向和速度，當卡車停下時，至少對自己身在何處有個概念。

史潢生從卡車後方伸長頸子，在黑暗中尋找顯著的地物，以便和地圖做成比對。他已經把地圖上的透明膠套擦得很乾淨，萬一落入敵人手中，也不會發覺他們著陸和與游擊隊會合的地點，因爲這些經緯度他已牢記在心。

司機按理應該把他們送到離悅來山教堂附近與游擊隊會合的地點，但是史潢生的情報資料曾提醒他這些司機只是游擊隊的輔助人員而不很可靠。祕密滲透的第一條守則：不要在夜間走過森林與遠處的對象會合，除非你確知自己是從哪裏開始的，不然一定會迷失。司機如果把這小組學員在中途放下，史濆生一定要在地圖上準確的標出那是什麼地方。不然，他再也無法利用地圖上的圖例和等高線與黑夜中實際看到的地形做出正確的比對。

史濆生自然不願在任務一開始就迷失，他是一位很謹愼的軍官，年方二十七歲，非常英俊，他有一雙藍色明亮的眼睛，一頭向後梳的棕色鬈髮，語音深沉，舉止大方，是一個標準的戶外型男子，也是馬拉松長跑好手。他還記得在伊利諾州莫林城（Moline），從童年開始就喜歡到野外去露營。一九八三年，他進了愛達荷大學，主修野外休閒管理，他曾穿過法蘭絨襯衣和藍色工作服，投入環境保護工作的行列。

但是，史濆生在校園中和其他參加環保活動人員相處並不融洽，他們在政治上比較開放而史濆生卻非常保守。美國中西部的小城和農莊深受保守主義影響，居民多是日出而作、日入而息的人，很少有時間去理會政府、稅收或福利計劃等國家大事。

陸軍似乎是史濆生很自然的出路，在大學唸完一年級後，他就參加了儲備軍官訓練團，並且得到了獎學金。他在一九八六年畢業後，立即申請加入步兵，這樣他可以多在戶外活動而不致整天悶在辦公室裏。

不出史濆生預料，卡車在離開預定會合點大約二哩的地方停了下來。如果他計算得不錯，他們現在的位置在一二一．九高地的正北，一座教堂東邊約兩哩的路上。司機走到車後，打開扣拴，放下門板，發出震耳的碰撞聲。

「我只能把各位送到此地，」司機操著南方口音說：「前面一路有不少拒馬，我可不願去碰它。」

史濱生這組人從車後跳下來,司機對隊長凝視了一會,嘴裏咕噥著爬上駕駛座就把車開走了。原來史濱生忘記付錢給他,司機下次可能會變得更不可靠了。

這是他第二次犯錯,在今後的兩週「知更鳥與靈艾」演習中,史濱生還會犯下不少錯誤。

當他加入陸軍時就矚目於特種作戰部隊,他覺得頭戴綠扁帽的戰士們有一種說不出的浪漫本質,或許這只是他個人的想法。他們經常在偏遠地區單獨服勤,不像軍中那麼注重階級節制,壓得讓人透不過氣來。他喜歡特種部隊那種使人覺得安詳而放心的感覺,他從前在突擊隊時就像上得很緊的發條,隨時都會斷裂。在特戰部隊中,隊員各有專長,軍官不必吹毛求疵緊盯著士官,士官若有更好的方法完成任務,也會大膽的告訴軍官。

特戰部隊是相當自豪的,他們不願承認任何事物對他們是新奇的。如果有人說:「我還是第一次……」他就會被罰買一箱啤酒請同隊的人。在受訓學員中流傳著一則笑話,戴綠扁帽的戰士有三條守則:第一、永遠看起來很冷靜;第二、永遠知道自己在哪裏;第三、如果不記得自己在哪裏,至少要看起來很冷靜。

如果運氣好,史濱生要學習德文或俄文,然後被派到駐在歐洲的第十特種作戰大隊。特種部隊分為五個大隊,分駐全球各地:第五大隊負責中東及西南亞洲,注重沙漠特戰;第三大隊管非洲及加勒比海;第七大隊的領域是拉丁美洲。史濱生同隊的隊員都想去南美加入緝毒戰。

在冷戰期間，第十特戰大隊的任務是隨時準備滲透東歐國家敵後地區，使用新型武器阻止華沙公約國實現其進攻計劃，現在的任務卻變成準備訓練民主的東歐國家軍隊。說不定有一天他會在前蘇聯訓練俄國軍人。

他的突擊隊同僚認爲他投効特戰部隊是通敵行爲。在他們眼中，特戰隊隊員不過是一幫會騙人的非正規部隊而已。特戰部隊雖然在電影和小說中被神話化了，但是，他們成軍的過程時常使人覺得哀傷而失望。

二次大戰時，戰略（特種）勤務部（Office of Strategic Service）曾派遣「傑德勃小組」(Jedburgh Team) 空降已被德軍佔據的法國境內，與游擊隊會合後對德軍作戰。這就是特種作戰的源起。美國在一九五二年由陸軍組成特種作戰部隊，一旦第三次世界大戰爆發，對俄軍戰線後方進行騷擾。每一作戰分遣隊由八位隊員組成，也叫A小隊，由一位上尉軍官指揮，隊員都是學有專長而富經驗的士官，分別負責通訊、爆破、武器、情報及醫護（目前A小隊已擴編爲十二人），並且通過交叉訓練，使隊員們具備多種專長。他們在祕密作戰中的任務，分別有突擊、偵察、伏擊、破壞、建立地下組織。但是，五角大廈覺得在今日原子戰爭時代，特種部隊是否派得上用場還有問題，一旦原子彈爆炸，A小隊與游擊隊會合前，歐洲已變成一堆瓦礫了。那時，特戰隊隊員亦會爲找不到任務而煩惱。

甘迺迪總統曾爲共黨游擊戰的成功而著迷，所以對生氣勃勃的特戰部隊和非正規作戰興趣濃厚，當時在五角大廈中，反游擊作戰曾爲研究軍事理論的趨向。特種作戰部隊亦擴充了四倍，幾百個A小隊被派到第三世界國家，訓練反共的當地軍隊。在越戰中，特戰部隊的反游擊戰術卻被偏重正規作戰的陸軍忽視了。不過，縱使允許特戰部隊參加戰鬥，也贏不了越戰。西方的反游擊戰策略是不會成功的。

越戰結束後，特戰部隊人員縮減了，這卻是一件好事。在大事擴充人員時，良莠不齊，招進來不少混混和酒鬼，帶著那些從越南弄來的原住民做的手鍊和泰國的藍寶石戒指眩耀人前。雷根對游擊戰的看法與甘迺迪一樣入迷，他在一九八〇年就任總統後，著手整頓特戰部隊，使他們成為美國對第三世界反共國家的軍事親善大使。他派出許多機動的訓練小組，分佈三十多個國家，訓練他們的軍隊進行反游擊戰，對抗共黨侵略，包括造橋修路、設立醫務所，以及宣揚人權。這對部份國家確有相當進展，可是對某些專權國家，反而增加了迫害政敵的效果。薩爾瓦多曾被選為實驗雷根反游擊戰訓練的國家，但是最後演變成一樁無法達成的任務。美國無力把越南改建為民主國家，對薩爾瓦多也一樣無能為力。

不過在雷根總統任內，特戰部隊的訓練和素質都有改進。越戰時期殺手型的特戰隊隊員逐漸消失了。申請加入特戰部隊的士官在接受為期長約一年的專業訓練前，必須在北卡羅林那州的布雷格堡特戰部隊司令部先通過三週的選拔訓練。受訓學員日夜都要行軍，背上還扛著四十五磅重的背包，以測定他們的體能和耐力。為了測知學員們的精神和毅力，安排了一連五天缺乏睡眠的演習。訓練結束前，一半學員會被淘汰。另外還有一項測驗應變能力的演習，給學員一部車輪卸下而啓動不了的吉普車，要他們從甲地移動到乙地。這些測驗的目的是在學員身心交疲時，易於發現他們性格上的缺點。

一位特戰隊隊員必須能單獨作戰，同時也是團隊作戰中不可少的一員，一身需兼備兩種似乎矛盾的特性。在正規部隊中，一位士官長在各級長官督導下，能夠貫徹上面的命令就可以了，但是特戰部隊的士官時常隻身在千里以外的其他國家擔任顧問或訓練他國的士兵，他必須自主而主動，運用智慧，而且不能使美國政府難堪。

通過選拔訓練的難關，學員開始接受特種部隊資格課程。首先，他們要花三個月到一年時間在教室裏，學習爆破、武器或通訊等專業知識。然後，到布雷格堡西邊四十哩的特戰部隊訓練中心，命名爲羅尼可（Nick Rowe），紀念已故的陸軍特戰部隊羅上校，他曾被越共囚禁五年，後來在菲律賓遭共黨恐怖份子槍殺。

在這所被學員戲稱爲「羅氏大學」的訓練中心，他們要在兩個月中學習非正規作戰的各種戰術，包括中央情報局所用的。在這個野外訓練的階段中，他們要學習小部隊攻擊、射擊、求生、逃生與迴避。教官都是資深而有經驗的特戰軍官和士官。最後的十三天，進行「知更鳥與靈艾」演習。這個代名是代表美國陸軍所設計的特殊演習，內容包括游擊戰中可能遭遇的各種狀況，時間等於特戰部隊一年中經過的實況。他們學會如何進行游擊戰，同時也學會反游擊戰。參加演習的學員猶如回到二次大戰中的游擊戰，所不同的是他們跳落在北卡羅林那州皮德蒙南方的小村莊上，並不是隨著傑德勃小組空降在法國的鄉村中。

游擊戰和反游擊戰戰術是無法在陸軍基地中學會的。圍著鐵絲網的靶場和排列得很整齊的營房不是適當的地方，一定要在可能打這種戰爭的地方，有村莊和居民、狗和貓、教堂和學校，才能學會游擊戰戰術。

對一般開車的人來說，北卡羅林那州小村莊特雷、比司可和錫勒城一帶的道路和其他南部的村莊並無不同。但是過去三十年來，這些小城、村莊與周圍一帶，一直被特戰部隊用為非正規作戰的訓練場所。

這些地方的居民不僅允許特戰部隊使用他們的農田和森林，而且實際參加了演習，有的充任游擊隊司機，開車帶著學員在鄉間四處跑，執行祕密任務，也有充任地下抗敵的首領，準備接受學員為他們所作的訓練。在週末，當地警察也扮演假想敵和學員模擬實兵對抗，使用的是帶漆的演習彈。還有人將自己的土地提供他們用做空投區，以供特戰部隊對學員進行空中再補給。

充任游擊隊的居民們對自己的角色演習起來很認眞。在有些家庭中，還會傳給下一代也來參加演習。在皮德蒙平原的城鎭中，居民都很愛國，假日大家掛起國旗，星期天多到教會做禮拜，然後共享一餐豐盛的烤肉野餐。城裏街道寬廣安靜，有百貨公司和四健會。到了週末，有些農家帶著孩子坐在旅行車中，看學員們攻擊橋樑。

當地居民和受訓學員彼此照顧。進行求生演習時，居民會提供雞、羊和鹿，讓學員學習宰殺和烹食。教官為了回報居民，會讓學員幫他們修築圍牆和劈柴，這也是軍民合作訓練科目。演習時，居民會留意形跡可疑的學員混進村來問東問西，或是偷偷到加油站買瓶汽水，他們就會用電話通知教官。學員們很快就明白，沒有事能逃過教官監視的。

二月二十日星期四，午後八點四十五分

莫侖上士是史濆生這個小隊的教官，A小隊的全名是特種作戰A九四一分遣隊。「知更鳥與靈艾」演習時間，每一分遣隊都有一位特戰教官隨行，隨時察看他們的舉動。演習進行才不過一小時，史濆生就連犯兩次錯，第一次在直昇機中他不肯戴耳機，然後又忘了給司機一些錢。演習專用的貨幣稱爲盾（Don），每小隊配給二萬盾，用於組訓當地游擊隊。現在隊員們從卡車中跳出來，沒有立即構成警備防線，而且在路旁團團轉，也不知道該向哪邊走，才會到森林。莫侖很不高興，覺得這小隊一開始就搞砸了。

隊員們懷疑司機在未到教堂前會把他們放下，卻未料到他會在道路中停車，並且趕他們下車（是莫侖叫司機這樣做，看學員如何反應）。史濆生竟不屑問一下司機，那究竟是什麼地點，至少可以在地圖上加以校對而找出自己的位置。

莫侖曉得在這種任務中，永遠會出些意想不到的狀況，可是在這小隊出動前，他們應該實際演練如何從卡車中跳出，立刻構成警備防線，儘快離開道路，向正確方向前進。莫侖曾在資格訓練中不厭其煩的訓練他們注重應變、計劃應付臨時可能發生的變化。但是學員們做了計劃，卻未重視他的叮嚀。

野外演練對小部隊作戰是很重要的，尤其是特種作戰。由於他們所執行的是高難度任務，通常會用好幾天甚至好幾個星期來擬定計劃和實際演練，大家都要在野外演練中，確實明白自己的

作戰位置和行動，並且牢記在心，執行任務時才會自動的做出適當反應。A九四一小隊顯然沒做過演練，只在地圖上指示隊員們在重要作戰行動中所佔的位置自然是不夠的。

莫侖對他們喊道：「不要像一羣呆頭鵝似的站在那裏好不好！快行動啊！」

學員們從道路右邊衝了下去。莫侖覺得他們可能弄錯了方向，他攤開自己的地圖，查對學員們推算的位置，心裏想著：我才不會跟著他們在這些鬼樹林子裏亂竄呢！

莫侖是出身芝加哥郊區的愛爾蘭後裔，他已在陸軍中服役十五年。因爲他與當年黑社會中外號「吸血蟲」的頭子同姓，又來自芝加哥，所以大家都叫他「吸血蟲」。

莫侖曾任第五特戰大隊A小隊的通訊員兼作戰助理，在肯塔基州的甘布堡服役七年後才被調到布雷格堡。這是他第一次帶學員參加演習。波灣戰爭期間，他曾在沙烏地阿拉伯和阿拉伯聯合大公國擔任顧問四個月，指導他們的軍人突破伊拉克在科威特邊界建立的防線。

他覺得跟阿拉伯官兵在一起生活很不習慣，吃烤羊肉和米飯都要用右手抓著吃。他們也叫他「吸血蟲」，但是發音不準，聽起來很滑稽。

在這次演習之前，他來到這些美國南部的小城，也好像到了國外似的，也要運用國民外交，坐車到演習地區的農莊，逐一訪問，並向他們說明演習期間，大約有十三個A小隊，共約二百個學員在周圍的田野和樹林中活動，夜裏可能會發生一些騷擾。

莫侖覺得他帶領的A小隊素質良好，大多數學員都是突擊隊出身，在資格訓練之前已熟習小部隊作戰戰術，而且頗富經驗，不過莫侖亦常聽他們談起選拔訓練才是最艱苦的，這一階段野外訓練已過去了五十天，再有十三天，通過了「知更鳥與靈艾」演習，綠扁帽就拿定了。莫侖覺得他們有點沾沾自喜。他會讓他們記住這十三天才是資格訓練的重點。

實際上，史潢生並沒走錯路，他在卡車行進中，已在地圖上標明和推算出自己下車的位置。他知道離開會合點——悅來山教堂大約還有二哩，他覺得向右邊衝下公路比較合理，總之，他必須儘快脫離道路，帶著學員很快的進入森林。

史潢生這小隊曾經與衆隔離，他和學員們在一起爲這次訓練任務計劃了五天，所以對自己很有信心。特戰部隊的隔離計劃作業，既可防止洩密又可專心計劃。與外界全面隔離的時間，要看任務的性質而定，內容複雜的，也會長達一個月。史潢生和七位學員這次是被隔離在一間洋鐵皮的小屋裏，外面圍著鐵絲網。到餐廳用餐，只許坐在一桌，擠得像一羣被關在籠裏似的狗，有人感冒或腸炎，準會被傳染。

計劃是依據一本十九頁厚的《分遣隊任務計劃指南》來擬定的。這本指南羅列了三百八十一項不同的需求和應付變化的對策，包括滲透計劃、地形精細分析、氣象統計、接敵規定、當地政情、恐怖組織、空投地區、通行口令、武器資料、游擊隊訓練計劃等，鉅細無遺。

史潢生與學員們開始進入隔離區時，教官就發給他們一册約有三吋厚的《任務分析》，其中〈松樹國地區研究〉占六十八頁，並包括作戰地區情報、上級指揮部的備忘錄。

地區研究是對特戰部隊作任務提示的基本資料，提供A小隊完整的敵境情報。在這次演習中，史潢生和學員們面對的是典型游擊戰的各種狀況。松樹國是虛構的國家，範圍包括南北卡羅林那兩州，一九一五年脫離擁有阿帕拉契山東方領土的假想敵國而獨立。

一九七八年十一月，假想敵國再度進軍松樹國，建立傀儡政權。松樹國總統逃亡到南卡羅林那州的科隆比亞城，組成臨時政府。佔領軍亦在北方建立鎮壓性政權。在這次演習中，佔領軍由駐布雷格堡的八二空降師擔任，他們很高興有這樣一個機會離開他們駐地不遠的地方，和特戰部隊週旋兩個禮拜，雖然對手不過是特戰學員。

松樹國被佔領地區時常有小股的游擊隊出沒，這些由從前的軍人祕密組成的隊伍訓練不夠，裝備落後。松樹國流亡政府曾請求華府協助組訓，但是雙方對游擊隊會不會接受並無把握。

史濱生的任務就是帶領他的A小隊潛入松樹國，與一支游擊隊會合後加強訓練，提升戰力。陸軍情報單位已提供與他會合的游擊隊長個人資料，中央情報局潛伏松樹國的工作人員也曾向他提示有關這支游擊隊的作戰紀錄。他的工作很明顯的都已安排好了。

史濱生和他的隊員們用了五天五夜共同作業，他們把潛入松樹國、與游擊隊會合以及如何訓練加強他們的戰力，作成詳細的計劃。這也是他們初次對各項細節加以深思熟慮。在一般正規部隊中，這些作業大多由司令部作戰參謀擔任，但是特戰A小隊卻要具備與師部相當的計劃能力，考量整個戰役的過程做出計劃。因爲他們在戰場上時常會與指揮部失去聯絡，情況不利時，沒有醫療後送直昇機，也不會有大砲和戰車前來救援，一切得全靠自己。

二月二十日星期四，下午九時三十分

柯拉卜利以手指撥開指北針的盒蓋，用手掌圍著它，從一支發亮而顫動的指針辨別方向。別看這儀器小，加上一張地圖，就能在黑夜的森林中找出自己的正確位置，但是，成為專家就需要豐富經驗了。從戰術地圖黃色等高線的指示，用肉眼在暗夜中分辨、比對實地的山峰與山谷不是短時間就能學會的。

夜間看目標比實際來得近，為了避開障礙而時常改變方向也容易使指示不準。在茂密的森林中，更要細心辨認地形、比對地圖，不然很快就會迷失。

有時候還必須能判斷地圖的正確性。國防部印製的外國地圖有一部分就不夠正確，曾使全球有名的美國陸軍突擊隊在長程陸地領航時發生錯誤。

柯拉卜利是一位突擊隊員，他在陸軍裏帶過五年兵，當過班長，他不會把這小隊領錯路的。他升得很快，四年中已升到上士，他今年才二十二歲，從舉止看來比實際年齡大一些，他有一頭金髮，還留著小鬍子。他反應靈敏，在這小隊中討論什麼問題，他總會比旁人先想出正確答案，並且能讓大家照他的意思去做。他雖年輕卻能服衆。

他對做軍官不感興趣，甚至不願接近他們，他總覺得大多數軍官都喜歡搞政治。不過，他自己也差點進了海軍軍官學校，後來因為唸高中時交友不慎而失去機會。他十七歲就進了陸軍，他父母還曾為他提早入伍簽具同意書。

跟著柯拉卜利身後十碼的羅賽爾，也是一位二十二歲的陸軍突擊隊員。他曾經參與巴拿馬戰役，隨同戰友跳傘降落里約哈托（Rio Hato）機場，當時他背負上百磅重的背包，從四百呎跳出機艙，著陸時突然一陣強風吹過，他連人帶包在水泥跑道上，像掛在汽車後面似被拖著走，背包和軍服都擦成碎片，所幸命是保住了。

羅賽爾這時覺得只要走出這森林就高興了。一個小隊在陌生的地方用一張地圖來尋路，必須明白兩件重要的事：行進的方向和已經走了多遠的路程。不然，就無法將周圍看到的地貌和地圖上的符號做比對。柯拉卜利用指北針測定方向在前面領路，羅賽爾跟他後面數著步伐，就可算出走過的里程。由於各人的步伐不同，每個步兵都知道自己走多少步等於一百公尺。羅賽爾每當左腳踩地時就開始數，在平地上前進，他數到六十就是一百公尺，在茂密的草叢中行進，要數到六十八或七十，登上陡坡時就要數更多次。

每走一百公尺，羅賽爾就會報出來，柯拉卜利會停下來檢查一下指北針，定好小隊繼續前進的方位。有時候他也會停下來核對方向和走過的路程，在地圖上標出自己的正確位置。其他隊員們亦用同樣的方法一路計算著。因爲特戰隊隊員必須隨時明白自己的位置，遭遇敵人攻擊而有損傷時很可能落單，變成孤身作戰。這固然是單調而煩人的方法，但是小隊一旦迷失了方向再想回到正確的路線，那痲煩就更大了。

羅塞爾現在走七十步就正好一百公尺，小隊不敢經過空地，因爲離開他們下車的地方太近，恐怕被發現，他們只好穿越森林，這一帶丘陵地高低不平，其中還有峭壁和急湍的溪流，腐朽的松樹在地面留下許多坑洞，掉進去踝骨就會折斷。走過矮橡樹叢又像在遊樂場上爬橫木，矮樹枝會刺傷眼睛和碰傷胸部。隊員們都帶著厚手套怕刮破手，藤蔓像章魚的脚似的把他們圍困住，挖土的鏟子從他們背包後突出來，很容易被藤糾纏在一起而使他們摔跤，他們只有輕聲向同僚說等一下，然後設法脫身。所以，隊員們給這種藤取了個名字，就叫「等一下藤」。

身爲領隊的柯拉卜利首當其衝，要領頭穿過荆棘和藤蔓，有時他恨不得伏身在這些藤蔓上，讓同隊的弟兄從他背上走過去。小隊的計劃是由下車的道路向西潛行三百碼，設法通過森林而不爲人發覺或無意中碰上。可是，現在面對一項演習或訓練中從來未遇到的障礙——鐵絲網。

柯拉卜利用手去拉鐵絲網時，爆出了火花，他的手掌好像被厚木板猛擊了一下，肘骨發痛，身體失去了平衡。

「他媽的！」他忍痛罵了一聲，原來還是通電的。

壞消息立刻傳到史潢生耳裏，小隊長很快的將雨衣罩著頭，用袖珍手電筒照亮地圖，在沿道路以南八百碼之內，他找不到建築物。他命令小隊繼續向南沿鐵絲網前進，若能發現缺口，就可安全越過。

如果史潢生注意到地圖左下角有一行小字：「本圖根據一九八三年資料調製」，也許就不會又犯一次錯。

小隊沿著鐵絲網前進，還不到四十公尺，就發生了狀況。一羣狗開始狂吼，對小隊來說，好像走進了大狗園，有上千隻狗同時對他們猛叫亂吼。史潢生下令加速前進，但是在滿佈荆棘的樹叢中，卻無法做到。

莫侖忍不住對自己說：「眞他媽的糟糕透了！」這一來，好似軍樂隊通過大街，他想會把全鎭的人都吵醒。

上一次演習中，有一支小隊夜裏經過一輛旅行拖車時碰上狗叫，把車主驚醒，車主穿著內褲衝出來就要開槍，教官連忙出來打招呼，證實他們是特戰學員，車主才肯罷休。

莫侖等小隊再前行約一百碼時，才叫他們止步。

「在這裏集合，我有話對大家說。」他顯然生氣了：「你們是應該滲透進來的，現在卻把村子裏的狗全都弄火了，好像有意要把居民都弄醒似的。」「你從地圖上找不到建築物」，他接著說：「不錯，那是這張地圖太舊了。經過這些年，建築物自然會增加。你還應該想到，在鋪水泥的道路附近大多有住家房舍，也就會有狗，會使你的任務失敗。」

「通電的鐵絲網也不致阻擋你前進，你可以先放下背包，在網底挖一條小溝伏身爬過去，然後讓同僚將背包從網上遞過來。如果你不想讓全世界都知道你們到了，現在就繼續向西前進，最好離開這些住家房子遠一點。」

二月二十一日星期五，零時三十分

史濆生和一個由兩人組成的偵察哨，藏身在悅來山下教堂旁的草叢中，一盞孤零零的街燈，照亮了教堂後面的停車場和墓園。小隊的其餘隊員暫時留在道路北方五百碼的另一端。如果有人走進墓園，史潢生一定看得見。與游擊隊會合的時間定在午夜，他奉命要等到零時三十分，如果到時候對方還不出現，表示出了問題，他就要到備用的會合點與游擊隊見面。

所謂出了問題，其實是莫侖在搞花樣，他事先通知游擊隊不要在第一個會合點露面。在演習過程中，他還會不斷出點子。

史潢生也不覺得意外，如果讓學員一試就完成會合，可以好好的睡一夜再繼續演習，那不是太理想了嗎？他不禁嘆了一口氣。這小隊已經在丘陵地掙扎著走了三哩，備用會合點在河畔教堂，還有四哩路，但是爲了避開民居，要先向西行，再通過森林，就要走七哩。會合時間定在上午七點，史潢生需要七個小時才能走到，也就是說他一夜不能睡覺了。

隊員們走過那三哩路已覺得疲勞。北卡羅林那州的天氣在二月裏變化莫測。昨日溫暖如春，今天地上霜雪覆蓋。下午還有華氏六十度氣溫，現在已降到三十度還在繼續下降。武器亦變成冰冷而難用手拿。所以他們還要攜帶必要的禦寒裝備。如寒帶皮帽和保溫襯裏，也增加了不少負荷。

重量對特戰隊隊員可以說是攸戚相關的。當他們執行任務中，空投再補給的機會不多，他們必須把賴以爲生的物品和作戰裝備隨身攜帶。史潢生的隊員每人需攜帶一雙備用的作戰靴、衣服、備份的襪子、維持一星期的乾糧、二點七公升的飲水、陸軍寒帶用睡袋（約比民間用的重一倍）、雨衣（也可用來打地鋪）、各種保暖用的襯裏和墊子。更重要的是小隊的作戰裝備：爆破用炸藥、電池、無線電通訊器材、醫藥、發電機、彈藥、挖坑用具、粗繩（造橋用），還有兩挺重機槍。這些裝備由隊員平均分擔，每人背包重約八十到一百磅。

背負這麼重的背包行軍是苦事，所以整理打包和如何攜帶也是一門學問。從前越戰用的C口糧已改良成「隨時餐」(Meals Ready to Eat)，是陸軍研究多年的成果，體積雖然小了，包裝的口袋是黃塑膠製成，隊員把十二餐併成四袋，丟掉多餘的塑膠袋，就可減輕三分之一口糧的重量。

像無線電通訊器材這種裝備就該放在背包中央，使重量在背上分配勻稱。背包的兩根肩帶上添加塑膠墊肩，也能減低負荷。特戰部隊和突擊隊早已不用步兵笨重的皮靴了，他們現在穿的是黑色愛迪達快靴，看起來像普通高統籃球鞋，可是在鞋跟和脚踝部分都已加工製造。長距離行軍時，他們都穿輕裝，黃綠色的僞裝便衣，有一層保麗龍能透風的裏子。如果穿得太多，行軍時會太熱，停下來又會太冷。下雨時，他們會加一件輕薄的防水外套。

雖然力求改善負荷，但是對身體總是有損的，陸海空三軍的特種作戰人員退休後，背部和腿部時常會發生問題，與美式足球職業球員一樣，都是長年身負重物的結果。

美國陸軍對行軍已有二百多年歷史，始終還未研製出一種理想的背包。特戰學員現用的是陸軍制式的艾力司背包，與一般綠色尼龍袋差不多，兩側都有口袋，可以固定在輕便的鋁質背架上，底部有一個腰子形的軟墊，壓在臀部上。

艾力司背包設計的原理對身體不利，民間用的背包是長形而裝的東西是堆起來的，有時比背背包人的頭還要高好幾尺。特戰部隊出沒叢林會使行動不便，因此設計出艾力司背包，可是它的載重量是向兩側分布的，所以肩部和臀部所受的壓力比較沉重，甚至會磨傷肩頭或使血液循環受影響。特戰隊員叫它「大綠疱」。

隊員們從叢林中掙扎著前進，「大綠疱」壓得他們很不舒服，首先發痛的是膝蓋。走出樹林又要越過一片新耕的田地，田畦有兩呎深，泥土又軟，走起來很吃力，而且還要趕時間，就更覺得累了。

稍作休息時，學員們會把身子彎成九十度，像深鞠躬似的讓背包的重量平均分配在背部，使肩膀歇一會。也有人調整肩帶，讓重量變換一下位置。臀部有時也會被腰包的重量壓得發痛。

行進一哩就有一次較長時間休息，不擔任警衛的學員乾脆仰面躺在地上，再把身體向側方一滾，好好的休息一番，這叫「背包滾」，但是現在只是稍作休息，讓肩膀舒服一下。

到河畔教堂只有一半路時，做了一次中途休息。醫務士席曼走過來問每一位學員脚有沒有問題，有不舒服的，他就發止痛藥片給他，在長途行軍中，突擊隊隊員時常會使用這種名叫魔去靈(Mortrin)八百毫克單位藥片，可是他們卻稱它「突擊隊糖」。

席曼是佛羅里達州人，今年三十歲，他從軍時就立志要做特戰隊員，卻在突擊隊中幹了四年多。他身軀高大魁梧，高六呎四吋，重二百二十磅，兩支胳臂都有刺青。他雖然喜歡跟同隊的夥伴開玩笑，對自己的醫務工作卻很負責。他知道許多突擊隊員有病痛時都不願告訴別人，就怕有損男子漢的威風，所以他會不厭其煩的一個個盤問，免得到開始戰鬥時，有人會突然發生問題。

席曼自己亦發生過問題，特種作戰醫護訓練用去兩年時間，在上次資格訓練期間，演習小部隊戰術中，他的右足踝骨折了，上了石膏，等復元後再參加訓練，不料拆除石膏後，發現需要動手術來調整肌腱，又趕不上這次演習了。席曼不願一再改期，決定等訓練完成後再動手術，只把足踝用夾板綁緊，忍痛參加了演習。除了脚痛外，在隔離作業期間，他感染了腸炎，行軍時還嘔吐過兩次，他需要多喝水以防脫水。其實他已接近痛不可止的地步，但是他又吞下一粒魔去靈藥片卻不願聲張。

上午四點三十分，小隊停止前進，長途跋涉使他們汗流浹背，缺乏睡眠而兩眼發燒。備用會合點河畔教堂就在他們東南五百碼。

史濆生帶著兩人偵察哨，先行察看教堂旁的墓園，也是與游擊隊會合的地點。他們很快就走到了。由於到達時間比預定的早，史濆生下令派出警備，其他學員可以睡一小時半，然後完成會合。

他們又累又熱，大多懶得打開睡袋，只用雨衣裹住身子，倒頭就睡著了。

但是，氣溫已降到華氏二十度，還不到一個半小時大家都被凍醒了。更糟的是，他們的肌肉因爲運動過熱而突然一冷，股部和小腿都抽起筋來，掙扎了幾乎五分鐘，才能用膝蓋抵著地，慢慢站直身子，背包只好讓它等一會了。

二月二十一日星期五，上午六點三十分

莫侖在學員到達前已走到教堂後面，小隊被他訓了一頓後，滲透伎倆顯然已有進步。現在，他要看史濆生怎樣和游擊隊會合。

會合並不是兩個人走近前來，彼此握握手。祕密活動中一些規則必須遵守，不然史濆生和他的隊員都結不了訓。這位年輕的隊長爬近墓園的樹林，偷偷向裏面探望，他要在半小時內確定沒有敵人的埋伏。其餘的隊員在他後面幾百碼處待命。按事先約定，對方應該站在一塊指定的墓碑前面。

莫侖注意史濆生潛入墓園後的動作，是否先找到那塊墓碑，因爲任何人都可以到墓園中向所有的死者致敬。

史濆生果然先找到那塊指定的墓碑，然後躲進樹林。

扮演游擊隊士官長的費力浦，從道路對面一棵松樹後面走出來，七點正，他穿著野戰便服，上面沒有標幟，身後跟著一隻壯大的混種狗，一半北極救生犬和一半德國獵犬，名叫漢克。

費力浦是第七特戰大隊的一級士官，奉派參加演習，他充任游擊隊士官長，掌管隊上全體士兵。他現在還不會告訴史濆生，他只是游擊隊派來會合的代表。那隻大狗有點討厭，只會忠於主人，上次演習中，牠曾引導扮僞想敵的第八十二空降師找出游擊隊的營地。

費力浦走向指定的墓碑前站定，漢克跟在他身後打轉。他脫下一隻手套，放在墓碑上，表示安全，要史濆生出來。史濆生打開 M-16 步槍的保險開關，低身小心的走到石碑前，一脚跪下輕聲說出口令：「現在爲他禱告已太遲了。」

「永遠不會太遲的，我的孩子。」費力浦也照規定答話。

漢克走上前來，把牠的脚爪遞給史濆生。

游擊隊營地還要再走兩哩，費力浦在前面帶路定會多走一哩。他有意繞路而不讓學員們弄清楚游擊基地的位置，同時也要看看小隊對方向的掌握和地圖的使用是否恰當。他會把他們弄得更疲乏，才帶他們去見游擊隊隊長。

往後三小時，費力浦帶著這體力將耗盡的小隊向西行進，卻在中途忽南忽北的繞路，他們曾經四次跨越同一條溪流，每次都要滑下五尺高的堤岸，然後再攀著樹根爬上對岸。學員們已經累得半死，像殭屍似的提著腿一步一步的前進，心裏再也不去想腰痠背痛了。

費力浦帶他們走到三叉溪就不再曲折拐彎了。三叉溪像一條小河，水流湍急，是游擊基地的主要水源。小隊此行雖然勞累辛苦，卻還未下過水。不料費力浦這時轉向南方涉水渡過三叉溪，他選的地點水深過膝，學員只好跟著他下水。

史潢生將隊員們留在溪邊，只帶一位叫魯本達的士官，無力的走上約二百碼的陡坡，好不容易才到了游擊基地，他們靴子裏的水，一舉步就會發出嘰咕聲。

二月二十一日星期五，上午十點三十分

扮演游擊隊隊長的古德是駐布雷格堡第三特戰大隊的一級士官，他背靠一棵用作營地支柱的橡樹站著，M-16步槍在他身旁。游擊司令營是用竹子和樺樹枝蓋成的，頂上鋪一塊有浪槽的鐵皮擋雨。營地中央挖出一個土坑，周圍圍著石塊，用來生火。橡樹上還高掛著一具牛頭骨，象徵著司令營的威嚴。

這片營地是屬於胡西的，還有森林邊的麥田和牛羣。特戰部隊五年來都在借用他的地產。這裏距離北邊的小鎮侖修（Ramseur）約二十五哩。胡西身材矮胖，鬍鬚灰白，時常會走過來與大家圍著營火聊天。求生訓練時，他也會供給山羊和雞。學員爲了回報他的美意，自動爲他年老體衰的姑媽除草和清理草坪，也算民事訓練中的一部分。

古德今年三十四歲，他在第三特戰大隊中擔任作戰助理士官，已在特戰A小隊服勤十二年，他到過許多國家，如埃及、安曼、玻利維亞、瓜地馬拉、宏都拉斯、薩爾瓦多等國。他在薩爾瓦多服勤時，愛上一位當地女郎而結爲夫婦，還想將來退休後，在薩國海邊找一處農莊退隱。許多特戰隊員都在服勤的國家娶了當地女郎做太太。

在這爲時兩週的演習中，古德的服裝是牛仔褲、方格襯衣、健行長靴、沙漠用連帽外套、頭帶橘黃色夜光棒球帽，前面有松樹標幟和寫著松樹國。他的游擊隊員則佩戴橘黃色臂章，上面有松樹國的印章。

古德在演習中扮演戴維斯上校，他手下的十二名隊員是由布雷格堡第十八空降軍派來的士兵，也就是史潢生小隊要訓練的對象。這些士兵都是來自支援部隊而不是步兵，以符合演習的要求，他們都是初次接受特種作戰訓練，如同阿富汗和薩爾瓦多的民兵。古德的口袋裏有一本長三十八頁的書，書名《游擊隊長野外訓練技能》，告訴他應該如何對付史潢生。

古德多年來曾和多疑而懶惰的第三世界國家軍官一同工作，他一定要先使他們相信A小隊確有資格主持訓練，他們才會接納。單憑自己是美國人，在叢林中是沒有用的。有時擔任訓練的A小隊教官要在開訓後一個月，才會獲得外國受訓士兵的信任。這次演習中難得有機會擔任游擊隊隊長，他準備擺出高姿勢。

莫侖已在事先向古德做過提示，說明學員從開始演習到現在的經過情形。戴維斯上校已準備好爲史潢生接風而讓他難以忘懷。

史潢生和魯本達走到離古德座位約二十碼時，就被一名外號叫黑煙的游擊隊隊員喝令止步。然後他向古德用西班牙語報告美國人來啦。

古德只在喉嚨裏唔了一聲。

黑煙比手勢，讓史潢生他們兩人繼續走向前來。

史潢生立正行過舉手禮，就把事先準備好介紹A小隊的講詞背誦一遍。

古德似乎漠不關心的聽著，嘴裏嚼著板煙，然後還在史潢生脚邊吐出一口黃水。

「那麼，你們給我們帶來些什麼呢？」他終於開口了，兩眼看著史潢生，好像看一個賣二手車的推銷員。

史潢生又開始背誦他們這個小隊如何接受游擊戰訓練，卻被古德打斷了。

「上尉，你不明白。」古德大聲說：「我不管你們能做什麼，你到底能給我們什麼補給？」

「我們有彈藥、口糧和醫藥。」史潢生有點不自然的回答，然後把武器和彈藥的數量詳細作了說明。

「好罷！讓我們把話先講淸楚，」古德瞪了史潢生一眼，揷嘴說：「你們總統要你們做什麼，與我不相干，你知道嗎？」

史濆生點點頭。

「我只管帶我的游擊隊，和你我的總統都不相干。現在你覺得應該怎樣幫我呢？」

「我想先看看再說；」史濆生回答說：「我有一組專業人員，讓他們前來問你們一些問題，然後就知道怎樣幫助你們。」

古德笑了一下，然後又板著臉說：「我想，我們已經很不錯了。」接著又不服氣的說：「這場戰爭我們已經打了十三年了。你們哪一位打過十三年的仗？」

「沒有。」史濆生不得不承認。

「好啊！現在卻來了一幫沒有打過游擊戰的老美，到我營地來教我們如何打仗。」古德不禁吼了起來。

「至少我們可以查出你們的需要，然後設法幫助。」

「這個我不清楚。」古德取下帽子抓抓頭說：「我方才說過，我的弟兄需要彈藥和乾糧。你們剛從叢林中來，如果讓你們進入我的營地，誰保證你們不會打我們。」

史濆生已經筋疲力盡，就是站著都可以入睡，他的肌肉僵硬痠痛，一夜未睡也使他頭痛。但是，他保持冷靜。

他告訴古德，他們都是美國軍人，沒有什麼可怕的。然後無力的補上一句：「我不過是讓你看看我們這個小隊而已。」

「你不必讓我看什麼。」古德傲慢的說：「這個小地方由我管，是否相信你，由我自己決定。

再說美國幫助我們這件事。你們美國人每到一個國家就承諾提供援助，搞僵了抽身就走，在尼加拉瓜、伊朗，不都是這樣的嗎?我可不願領教。」

「你這裏有受傷的弟兄嗎?」史濱生想換一個話題。

「受傷的弟兄?」古德笑了，圍著他的隊員們也笑了。「我們可不能有受傷的，他們會使我們行動遲緩。」

「你剛才不是說有口糧、武器和彈藥嗎?」古德又回到補給品的話題上。

史濱生告訴他一個大概的數量。

古德不作聲的坐了幾分鐘，然後又在史濱生脚旁吐出一口黃水。

「給我七百五十發彈藥、一打口糧，還有兩挺重機槍，然後我們再來談你這小隊進入營地的問題。」

史濱生想了一會，然後回答說：「彈藥和口糧都沒有問題，但是我不能給你 M-60 重機槍。」

「爲什麼不可以?」

「我沒有這種權利。」

古德站起身來，看著史濱生的眼睛說：「你的意思是說，你來到這裏，只知道保護自己或是對付野熊，從來沒想到保護我?」他越說越生氣。

「我們可以幫助你來保護自己。」史濱生想讓他平靜下來。

「你的意思是接受我的命令，爲我打仗?」

「是，也不是。」

「什麼叫是也不是？」古德問道：「你是什麼意思？」

「我不能解除自己對小隊的指揮權。」史濆生用規定的標準答案回答。

「那你對我有什麼好處？」

「我們可以增加你的安全。」

古德又笑了，他用帽子拍著大腿說：「增加我的安全？你們這幫人到第一會合點就偏了四公里，還鬧得人家雞犬不寧。現在你來告訴我，上尉，你會給我什麼安全？」

莫侖一直坐在司令營的另一邊，他覺得古德完全按照演習規定的台詞對答，也未忘記莫侖曾告訴他小隊演習經過。史濆生這時像個小學生接到一張不理想的成績單而正向父親解釋。

古德背靠著橡樹又開口了：「好罷！你給我一個計劃吧！」

「我們可以訓練你的民間輔助單位。」輔助單位由村鎮人民組成，提供游擊隊補給及敵人情報。

「我不會讓你們接近我的民間單位。」古德搖搖頭說。

「那麼我們可以改進你的通訊安全。」史濆生接著說：「我們可以幫你建防空洞，以防直昇機襲擊。」

「你方才提到有醫生？」古德首次表示了有興趣。

「我們有兩位受過訓練的醫務士，可以給弟兄和飼養的動物看病。」

「我告訴你，」古德說：「你們回去吧！黑煙，你跟他們去，拿回彈藥和口糧。」

「我可以把小隊帶到營地來嗎？」史潢生問道。

「還不到時候。」

黑煙領著史潢生和魯本達向山下走去。莫侖和古德緊靠在一起，爲上尉的表現評分。

古德面向莫侖說：「他們的成績還不錯。」

但是，莫侖對史潢生和魯本達未帶武器上山卻不滿意。

「是我的部下不准他們帶槍上山的。」古德說。

莫侖表示，史潢生他們應該堅持帶步槍，以防不測。不過，至少他知道不能放棄機槍。

古德亦表同意，史潢生起初有點緊張，關於由誰指揮的問題上，還可技巧些。

「但是，他不肯放棄對隊員的指揮權是很好的。」莫侖說：「現在，他必須和你建立起友好的關係，才能進一步合作。」

黑煙回營時，莫侖問他史潢生在隨他上山前，有沒有把應變計劃交給小隊，萬一他回不來時，小隊應該知道怎麼辦。

黑煙想了一下說：「有的。」

「好的。他很用心學習。」莫侖說。

半小時後，史潢生和魯本達回來了，帶來彈藥和口糧。

古德終於向他們介紹費力浦，他是游擊隊的士官長，是士兵中階級最高的。古德也告訴他們，他的游擊隊是由兩個巡邏小隊組成的。

「你們會發餉給我們嗎？」古德說到正題了。

「是的。」史濱生回答他。

「你打算怎麼發？」

「首先，他們要宣誓效忠松樹國。」史濱生說。

他的演習手册告訴他，游擊隊一定要整編成反抗軍的一部分。不然，等於把錢丟下無底洞。

但是游擊隊長卻不答應：「我的兄弟只忠於我，與松樹國無關。」

「宣誓效忠松樹國，使他們成爲一支合法正式軍隊，」史濱生向他解釋：「如果他們被俘時，可受戰俘待遇。」

費力浦士官長笑著說：「敵人已殺過我們被俘的弟兄。」

「現在你把我們變成合法，難道我們以前都不合法嗎？」古德逼問著。

這問題涉及國際法細節，史濱生無法回答。他繼續說明：「要讓你的弟兄受日內瓦公約保護，只有把他們編入公認的軍隊。」

「我可不願讓弟兄宣誓效忠一個抽身就跑的國家。」

史濱生不理他的羞辱，繼續向他說明，並不是要他們效忠美國而是松樹國。

「那麼我們接受你發餉，在宣誓書上簽名。不過，我們不能把眞正的姓名告訴你。」古德的口氣軟下來了。

這又是個問題，史潢生需要一份正確的名册，才知道領餉的是些什麼人，松樹國的錢也是美國納稅人的錢。但是，古德唯恐名册落入敵手，弟兄都會曝光而堅持己見。

整個安排變得太複雜了。古德抱怨著說：「你們美國人帶來這些表格和規定，把什麼事都弄得很難辦，然後抽身就跑。」他又重複的說：「就像你們在尼加拉瓜所做的。」他覺得最好不要和美國打交道。

事情不像史潢生期待的那樣發展。他覺得要更小心些，把發餉的事先放在一邊，不然就不會有人來領餉了。

「你不會有什麼損失的。」上尉終於開口了：「如果我們現在就走，你已得到了一些彈藥和口糧。爲什麼不給我們一個機會呢？」

魯本達一直站在旁邊保持靜默。他是小隊的武器中士，今年二十七歲。曾在陸軍服勤六年，在山地師的時間最久。他有點怕羞而不自然，初次看到他時會覺得他不像派來做外交工作的。他是鄉下人，出身新墨西哥州東北角一個叫克雷呑的小城。他很愛國，喜愛戶外活動和收藏槍枝。童年時，他時常隨父母去看家畜拍賣。他最愛看那些老牛仔，頭戴滿是灰塵的牛仔帽，身穿特製的皮褲，昂頭闊步的走起路來，神氣活現；或是倚著木欄，看他們趕著牛羣時的表情。他覺得他們才是眞正的美國人，鄉間的英雄。他們代表一種他願意全力維護的生活方式。

但是魯本達卻不是個鄉巴佬。和史潢生一樣，他亦熱中環境保護，他崇尚自由，力爭上游。他已在夜間大學獲得歷史學士學位，將來如果不想幹特戰部隊，也許會到高中去教歷史。

在他隨史潢生第二次會晤古德之前，莫侖已關照費力浦要考驗魯本達對增進友誼的表現。史潢生設法讓古德安靜一下，費力浦突然轉向魯本達問話：「你們小隊裏有幾個打過仗的？」

魯本達怔了一下，算一算，十五位學員中，有七位曾經參戰。

「參加過哪些戰爭？」士官長追問著。

魯本達回答他波斯灣的沙漠風暴和巴拿馬登陸戰。

營中的游擊隊弟兄都笑了起來。

「一場打了一百小時，還有一場打了一星期，」費力浦冷笑著說：「眞了不起！」

魯本達默默的站著，一聲不響。

古德終於決定讓史潢生的小隊上山，但是仍然不准他們進入司令營內。對年輕的史潢生上尉來說，這並不是友好的開始。他急著要開始訓練游擊隊，可是和他們的隊長談到現在，還談不出什麼結果。他只能多想想游擊隊隊長好的一面，把正事談妥，因爲史潢生不能向上級報告自己和游擊隊不能共事。

古德讓史潢生和魯本達回去後，立即派出三名游擊隊隊員潛入他們營區窺探動靜，順便偷一些補給品回來。因爲古德想知道史潢生不在時，小隊的學員是否做了適當戒備。

三名密探回來後，將所見情形報知費力浦士官長，他對魯本達初次答話並不滿意，這會又把他找來訓一頓，因爲史潢生的學員們忽略了營區的安全警戒。

「我派去的密探看到你們背著背包躺在那裏睡大覺。」費力浦生氣的大聲說：「你們這樣懶散，隨時都會挨打，還想叫我們跟你學安全。」史潢生的學員們確實累垮了。

魯本達想找個藉口，卻被費力浦打斷。他接著說：「我不知道你們的懶病會不會傳染給我們，我不願讓我們弟兄同你們在一起。」

魯本達向他保證，不會發生這種事。

費力浦這時又提出了一件令他驚奇的事。「我們要的是七百五十發彈藥，你們只給了三百四十發。」他指責著說。

魯本達全不知情學員沒有清點數量就把彈藥送過去，並且覺得不過是演習何必認眞。古德收下後，立即下令清點，才查出確數。魯本達受了這次教訓，再也不會忘記游擊戰的一條守則，答應給人家的東西不可減少。

「你們在彈藥方面都要欺騙，叫我們如何相信你們？」費力浦怒吼起來：「下次再敢欺騙我們，我就處決你！」

特戰部隊時常會遭遇這種問題，而且很容易影響任務。費力浦在玻利維亞服勤時，曾經參與訓練玻國緝毒警察，就是因爲在他之前負責訓練的美軍，曾答應送他們一批獵刀而未兌現，幾乎鬧出叛變。

史潢生前來說明，想平息這場風波。他解釋說：「我們以爲彈藥的數量只是象徵性的。」

「象徵性？」古德瞪著史潢生說似乎對他說的話完全不明白，在游擊隊心中，彈藥的數量怎麼可以是象徵性的呢？

莫侖把這句話記在心裏，等史濆生再用它理論時，準備好好教訓他一頓。

古德這時更加惱怒，又提起兩挺 M-60 機槍。他怪罪史濆生跑到他營地來，口口聲聲想加強這裏的安全，又不肯把機槍給他們。他生氣的問史濆生：「如果你們掉轉槍口對我們開火，我怎麼會知道？」

如果古德爲此事擔心，史濆生想出一個妥協的辦法，願意把機槍的彈藥交給古德保管。

古德想了一下，然後擺出笑臉，像奸商騙到一位顧客似的，平靜的說：「好罷！就此一言爲定。」

史濆生出了司令營回到自己的營區，鬆了一口氣。

莫侖搖搖頭，翻起眼來向古德說：「我可以跟你打賭，他回去告訴學員，他們一定不贊成，還會催他快點到這裏來重新談判。」史濆生放棄 M-60 的全部彈藥，機槍也失去作用了。

莫侖覺得這下子史濆生可要傷腦筋了，先是少給了彈藥，現在又得回來取消承諾。他原可把機槍用的彈藥隱藏一半而不交出來，可是他又告訴過古德，一共帶來一千八百發子彈。他也知道古德對這筆禮物相當重視。

莫侖又搖搖頭對古德說：「這些學員覺得自己已經把這次演習弄清楚了。只要熬過這一陣，就會進入下一階段演習的。」

可是，莫侖心裏另有打算，他覺得這是學員自己找的麻煩，應由他們自己去解決。史濆生這次也一定會牢記，游擊戰的重要規定之一是不要答應給人家多過自己能提供的。

果然不出莫侖預料，史潢生的學員們反對他和古德的交易。莫侖覺得有點得意，至少其他學員審愼的考慮過。學員們支持隊長，但也會提出糾正的意見。特戰部隊本來就是這樣運作的。

史潢生又派魯本達前去試探費力浦的口氣，不要再提機槍彈藥的事。費力浦用命令的口氣說：

「不行！你現在就把彈藥送來，我們隊長吃完午餐再跟你們隊長談話。」

魯本達只好下山回營，A小隊也不會現在就把機槍彈藥全部交出來。因爲，那是有去無回的。費力浦下令他的弟兄們先把A小隊的營區圍起來，他存心對A小隊表露敵意，看他們會不會被激怒而採取行動。

特種部隊也會時常遭遇這種狀況，政治人物可以決定一國對他國的關係。但是，特種部隊在叢林中，全憑本身和外國軍隊建立友好關係。費力浦知道，他們也時常會受到那些外國軍人的威脅，縱然特種部隊是來助戰的。

史潢生又來了。他告訴費力浦，他不能把機槍彈藥全數交出來。

「我們隊長還沒準備見你呢！」費力浦傲慢的說。然後又告訴他，下次會晤時只和魯本達談就好了。

又是一個演習中的狀況。費力浦是在試試他的反應，故意把他領導的地位貶低了。這時，史潢生應該沉得住氣。有時候，當地外國官員與A小隊隊長談不出結果，也會繞過小隊長，找一個和他們談得來的士官打交道，透過這位士官來解決問題，所以小隊長等於在幕後指揮。在沙漠風暴戰爭中，有些特戰部隊士官在必要時甚至掛上軍官的階級，以取得友軍的信任。

但是，史濆生卻沉不住氣，他不願就此放棄領導權。他的任務計劃中也曾規定，與游擊隊會談時必須兩人一組。他堅持的說：「我們兩個人必須一同在此和你們隊長談話。」

「好吧！你們要想這樣做，那就一個也不必再回來了。」費力浦固執的大聲說：「都請給我出去！」

莫侖躺在一堆樹葉上，兩手交叉擱在頸後笑了起來。他不想在這時刻到學員的營地去。他說：「如果我現在去看他們，大家一定會問我：『莫侖士官，到底還要搞多久才完結？』」他還裝出小孩埋怨的腔調。

將近下午一點，史濆生又回到了游擊隊營地，他已記不清來回在這山頭上下了多少次，背和膝蓋都在發痛，他已有三十二小時未睡過覺。

但是，他仍要保持頭腦清醒冷靜，他的一言一行，都關係到任務的成敗。一不小心，雙方就會火拚起來，對方又是自己應該保護的。

史濆生這次決定把話講清楚，他直截了當的告訴古德：「我不能把 M-60 機槍的彈藥交給你。」

「你答應過我的事，還想不認賬嗎？」古德裝出不相信的樣子。

「我不能讓我的隊員安全發生問題。」史濆生接著說：「我說話的時候很急，才會說錯了。」

「沒有人可以在這裏犯錯。」古德咆哮起來：「如果犯錯，那就死定了。」

「你要知道，我們來此是為了對付共同的敵人。」魯本達站在史濆生身旁緊張的插上一句。

這時，費力浦轉過身來問古德：「過去十三年來，我們都是怎樣對付犯錯的人？」

「我就讓你們看看，我們是怎麼做的！」古德吼著說，一面抓起一把M-16，槍膛裏裝著演習用的空包彈，對著名叫史巴基的游擊隊員開了一槍。史巴基應聲倒下，兩腿分開，橫躺在長木凳上。

史潢生和魯本達站在那裏嚇呆了。古德提著M-16步槍轉向他們，兩眼冒出兇光。

「我在這裏掌握全權，」他小心的措辭接著說：「對我自己的人可以這樣做，對你們我也會這樣做。現在給你十五分鐘，趕快把機槍彈藥送過來，不然就不要再來了。」

史潢生帶著魯本達轉身就走。

莫侖不禁大笑起來，古德事先並未告訴他會開槍，不過演得相當精采。史潢生事後一定會抱怨，開槍這一幕太不現實。但是古德卻說：「等他將來被派到A小隊實際參戰就會明白，這種事並不稀奇。」

越戰的日子早就過去了，特戰部隊當年就曾處決過越共。現在按規定不准自行處決敵人，但是在宏都拉斯、薩爾瓦多和瓜地馬拉的叢林裏，特戰部隊曾經親眼看過共黨游擊隊被嚴刑審訊和就地處決。在這些國家擔任訓練反游擊戰的特種部隊，地位亦難保持穩定。他們所訓練的比受僱的殺手也好不了多少。有些特戰隊隊員覺得雙方都在製造慘劇，只是新聞界很少報導共黨的暴行，多數隊員都覺得這種不人道的罪行是為世人所唾棄的。也有少數人唯恐被派到中美州，會設法掩飾通西班牙語文的事實。特戰部隊在國外所訓練的士兵，大都是年輕的徵兵，特戰部隊教官對他們很友善，從來不擺架子或打官腔。

開。

莫侖心想，這一來，史潢生一定要想個妥協的辦法，不管什麼辦法，編個故事也可以。下山探聽A小隊動靜的密探，在這時回營報告，他發現史潢生命令學員們整理行囊，準備離開。

「他們想到哪裏去啊？」莫侖自言自語的說。假定他們要去前進基地，還有十哩路程。他的上級長官到時候也會要他再回來和游擊隊商量的。

演習發生糾紛了。莫侖站起身來走到史潢生營區，他們正在整頓背包，待命出發。莫侖雖然不能告訴史潢生如何解決紛爭，他可不願看到學員們浪費許多時間和精力，撤退到前進基地去。

學員們很緊張，莫侖看見一位叫巴恩司的學員伏身在樹根後，準備向第一個越過小路的游擊隊員開槍。巴恩司今年三十四歲，在陸軍中服勤已逾十三年，是參加特戰部隊訓練學員中年齡相當大的士官。他受訓的專長是醫護。巴恩司是陸軍步兵出身，時常調換工作使他厭煩，才自願加入充滿刺激的特戰部隊。他是緬因州人，那裏的人不喜歡外來人和他們耍花樣，如果游擊隊想找麻煩，他一定會用M-16步槍來對付。他在誇口時，莫侖正好從他身旁走過。

「你知道這樣做會有什麼後果嗎？」莫侖不敢相信的問道。

巴恩司不知道。不過，他如果被殺害，準定會帶走幾個游擊隊隊員的。

「你打算破壞松樹國和美國之間的關係嗎？」莫侖搖搖頭走開了，他覺得巴恩司還得多學習如何在一個外國人統治的土地上過生活。

莫侖看見史潢生在匆促的整理背包。

「剛才我親眼看到戰爭犯罪。」史瀚生緊張的說：「其實我不該在這裏的。」他覺得游擊隊隊長可能又在槍殺他的弟兄。

「但是，如果你回到前進基地，又能做些什麼？」莫侖冷靜的說：「他們會告訴你，這種事你應該早些防止才對。而且，你不記得問題是由你開頭弄出來的嗎？再說，古德殺死的不是敵人，也算戰爭犯罪嗎？」

「我總不能不管吧？」史瀚生爭議著。

「你可以向上級指揮部報告，由他們來處理啊！」莫侖說。其實也是史瀚生心裏想做的。史瀚生何嘗願意看到雙方對立的現況，他本身又不是喜歡爭論的人。他知道莫侖要他回到游擊司令營去和古德修好，但是他覺得那種推三阻四、討價還價的談判非常難過。魯本達也有同感。演習講義中的答案裏是有這條規定，遇見上述慘劇，應向上級指揮部報告。他也知道實際作戰時，情形就不會這麼單純了。

史瀚生也想到自己暫時離開一下，讓塵埃落定，也許會好辦些。演習之前，情報官爲他們作任務提示，還說游擊隊隊長會歡迎他們。眞是好情報，現在人家快要來解決他了。史瀚生想到這裏，不禁搖搖頭。他在教室裏花費不少時間學習游擊戰準則，但是面臨現在的問題卻沒有一條派得上用場。

阿蔡是一位比較安靜的學員，他大學畢業，得過政治及工商管理學位。他在陸軍幹過八年，在突擊隊的時間較長，秉性溫和，不易生氣，臉上總是掛著微笑。這時，他說話了：「我們可以再提出最後的折中辦法，」他建議：「雙方共同管制 M-60 彈藥。」好像十五盞燈一齊點亮，大放光明。

下午一點十五分，離古德的時限只有幾分鐘時，史潢生和魯本達又趕到司令營。

在古德凝神注目之下，史潢生開始說：「你我都是講道理的人，我們又爲共同的目標作戰，一定有辦法合作的。你派幾位弟兄到我營區，擔任機槍助理射擊手，他們可以和我們的人共同監視彈藥消耗。」

「同時，」魯本達也插嘴說：「你們亦可接受我們的訓練，成爲機槍手。」

「你覺得怎樣？」史潢生溫和的說：「我們沒有什麼要隱瞞的。」

古德不作聲的坐在那裏，對史潢生來說好似很久了。終於他開口了：「好罷！我喜歡這個主意。」

史潢生的肩膀一沉，鬆了一口氣。

「我也不願看到這樣的開始，其實我心裏有點煩。」

「我也是的。」

兩人握過手，史潢生告辭回營，準備訓練計劃，訓練古德的弟兄。他的工程人員爲他們的座位加裝椅背，一切都已恢復常規。

莫侖也覺得高興，史潢生年輕，對特種作戰經驗奇缺。不過他學得很快，與其他軍官不同，他肯聽士官的意見。

古德把十二員弟兄集合起來，關照他們言行都要像游擊隊：「他們如果向你問話，你就反問他們是不是間諜。要是看到散亂的裝備，把它們偷來給我。要記住，我們還不能完全相信這幫人，讓他們跟我們慢慢的建立友好關係，現在還不是時候。」

二月二十二日星期六，上午七點三十分

拉衲少尉，尼泊爾人，今年二十五歲，史潢生的隊員。他和史潢生二人早一天晚上想出一個兩全的辦法，使上級有一份正式發餉名單，卻不會洩密，游擊隊長也不必爲保密擔心。史潢生想幫助拉衲適應美國生活和文化，所以選他入隊，他們已成好友，史潢生還想將來到尼泊爾去看拉衲。

拉衲花了不少時間，用心的造好名册。他心裏有點緊張，這是演習中交給他做的第一件工作，一定要做好，發餉才會順利進行。

美國陸海軍特種作戰部隊一向接受外國學員前來受訓，企望這些學員學成回國，具備美國特戰隊員的技能與水準。不過，由於語言問題和基本軍訓不符水準，以致進度落後。後來，美國特戰部隊發現有些第三世界國家認爲資格訓練不合格的學員有損國家聲譽，竟將他們處死。美國訓練司令部隨即降低水準，使外國學員都能順利過關。

拉衲的成績不錯。他出身尼泊爾軍人世家，每家必須有一個男兒從軍。他自小就知道自己要成爲軍官。他沉默寡言，擔心會說錯話。其實他能講一口標準桑哈斯特英語。拉衲學習得快，適應力強，只是怕蛇和冷天氣。北卡羅林那州潮濕的森林使他很厭煩。尼泊爾是乾燥的地方。

史濆生和拉衲設計的餉單是給每位游擊隊隊員定一個化名，人事資料表中則記載翔實的資歷、背景和眞名。餉單上用的是化名，由游擊基地保管，人事資料表則用空運機送回美國。

游擊隊隊長存心不讓發餉順利進行，在史濆生和拉衲拿著餉銀、餉單和人事資料表走過來時，古德已經給他的游擊隊隊員上了一課。他提升了好幾位低階的士官，使他們可以多拿些餉銀，並且規定他們排隊領餉時，一次不得超過三個人。

「你領過餉就回到自己營房，跟別人換穿衣服，然後再去排隊。」古德告訴隊員：「拿到餉就到士官長營房裏，把錢交給他。」

領餉作弊在實際游擊戰中已成事實。年輕的特戰隊隊長時常會空降到拉丁美洲森林地帶，身懷鉅額餉銀，發給外國士兵。餉銀的會計工作已變成一種藝術。第三世界國家中，有不少士兵的薪餉領得不足，他們的長官才能享受高等生活。在薩爾瓦多就有不少軍官因此而致富。美國特戰部隊對此等弊端亦無法制止。如果能因而使這些軍官減少謀殺、綁架或包庇非法營業等罪行，就已經算成功了。

古德讓他的游擊隊隊員排成兩排，史濆生帶領著他們覆誦效忠松樹國的宣誓書，然後三人排成一行，站在拉衲面前。他全神貫注的正在辦理人事資料表登記。

爲首的就是史莫基，他在塡表時看到有違犯軍紀的一欄，就笑著說：「違紀事項？我要是違犯軍紀早就完蛋了，還能在這裏塡表嗎？」

「你就塡個無字好了。」拉納平靜的說。一面數著演習用的鈔票——盾，準備發給他。

史莫基卻吼了起來：「我還以爲發美鈔給我們呢！這些鬼盾根本不值錢。」

拉納只好找史潢生來解圍：「我們發生問題了。他們不要盾而要美金。」

史潢生找到古德向他解釋：「我們只有盾而沒帶美鈔來。」

「我的弟兄喜歡美鈔，」古德說：「用美鈔在黑市上可以買到更多東西。」

史潢生答應下次發餉時要上級空投美鈔，古德這才表示滿意，命令弟兄們把盾收下。

史潢生鬆了一口氣。拉納繼續處理塡表和發餉，絲毫未注意到有人多領一份餉。弟兄們領了餉，都交給費力浦收管。

約半小時後，史潢生從拉納的肩後看了一眼他造的餉册，已有十一人領過餉。「好像有點問題。」史潢生說。他在督導他們宣誓時淸點過人數，一共十一名，怎麼還會有四個人在排隊等待領餉呢？他和拉納兩人翻閱人事資料和餉册，想找出問題所在。

史潢生找到士官長費力浦和他理論，他辯稱這四位弟兄剛才站崗去了，還未領過餉。

「那就怪了。」史潢生看著餉册上的簽名說：「怎麼這裏會有筆跡相同的簽名？」

「筆跡相同？」費力浦反問道：「你難道是鑑定筆跡的專家嗎？」

「很巧，在下就是。」史潢生頂了一句。

「這種事在松樹國算不了什麼。」費力浦生氣的說。

「看情形是你們有人冒領了。」史潢生說。拉納站在一旁發呆，他心想會不會因爲他是外國學員，他們才故意搞鬼。一場爭論又開始了，彼此都責怪對方不守信用，謊言相騙。古德又下令游擊隊隊員，把槍口對著學員們。史瀵生和拉衲收起文件就走。上午還未過去，雙方就僵持不下了。

這時，莫侖覺得自己有如勞資糾紛的調解員，他責怪史瀵生說：「你應該預料到會發生這種事，早些想好辦法。你在他們整隊宣誓時，就該叫拉衲過來發餉和塡表，一次完成，他們就無法冒領了。」

「是啊！你說的對。」史瀵生還是有點不服氣的說：「如果不被我發覺，他們還以爲我是傻瓜呢！」

但是，如果他不設法和解，又會像昨天一樣，古德的弟兄們會匍匐前進，再度把學員隊包圍起來。

「不要太洩氣啦！」莫侖提醒他。

「不會的。」史瀵生冷靜的說。他決定等事情平靜下來，再去基地指揮部和古德商談。

過了不久，史瀵生上尉走進古德的指揮部向他說：「我看我們還是不要再計較這件事吧！」

古德坐在營房中間的火堆旁烤火取暖，終於慢慢的站起身來說：「好罷！我們出去走走。」

他們二人一面散步一面商談，小狗漢克跟在他們身後，不時搖著尾巴。史瀵生提議和解，這次未領到餉的四位弟兄可以補發，今後一定要嚴加控制。

「我這邊沒有問題。」古德說完話，史瀵生心想，演習可以繼續進行了。但是，他爲了報銷多發的餉銀，祇有把下月的餉銀核算另作一番調整。

二月二十二日星期六，下午七點

太陽已經落山了，夜是一片漆黑，歐博來駕駛一輛小型貨車在侖修村附近，從二號公路上駛了下來，開進一家牧場式的磚砌房屋前的車道。經過一天半的爭議，學員隊終於從星期六開始訓練游擊隊。課程由M-60機槍開始，分別有爆破、駐地安全警衛等項。史濆生雙眼被黑布蒙住，臉朝下趴在小貨車後方，柯拉卜利取代了魯本達，擔任學員隊士官長，也趴在史濆生身旁。憑他所受過的訓練，史濆生一直想推算出過去三十分鐘行駛了多少哩，轉過幾次彎，他們究竟會被帶到何處去。

但是，他的努力卻徒勞無功。歐博來駕車在鄉間道路上來回奔馳。在侖修村一個十字路口，面對一間教堂，他來了個向後轉，倒車，再向後轉，再倒車，然後又第三次向後轉，左轉彎經過教堂前行。史濆生已被他轉得失去了方向感。

歐博來是松樹國游擊隊的輔佐人員，他協助演習將近有三十年之久，負責運輸學員，裝運空投物資食物。歐博來今年五十六歲，職業是油車駕駛，他從未在軍中服勤，卻對游擊戰頗有心得，並不比知更鳥與靈艾演習的教官遜色。他與特戰部隊素有淵源，甚至希望死後由特戰隊隊員為他辦理後事。原來他是帶史濆生去見地區游擊司令穆塞的，穆塞特別注重安全保密，歐博來不停的拐彎繞路是有道理的。

擔任演習游擊隊隊員的特戰隊隊員，有的穿著制服，大多穿著牛仔衣褲和防寒夾克，頭戴棒球員小帽。他們引導歐博來的小貨車在磚房後面的工具房前停下。小貨車的後門打開，一位特戰隊隊員用命令口氣，喝令史濆生二人爬下車來趴在地上，有幾位特戰隊隊員這時在演習中擔任游擊隊員。

史濆生和柯拉卜利的眼睛上還蒙著黑布，隨即俯身趴在地上，覺得又冷又濕。他們二人啓程到這祕密基地時，氣溫約在華氏六十五度，身上只穿單薄的作戰便服和內衣，現已入夜，氣溫驟降，幾乎到冰點。史濆生詛咒自己，爲什麼不多穿一件有襯裏的夾克。

也許他運氣好，很快完成和穆塞的會晤。依照史濆生手上現有的情報資料，穆塞在松樹國中指揮好幾支游擊部隊，如果古德隊長相當於校級軍官，穆塞的地位應該和將官相等。史濆生如果想讓他的特遣小隊留在松樹國，必須贏得他的信任。穆塞爲人多疑，可是史濆生覺得不會太困難，他心想總不致像古德這麼難纏。

爲了演習，特戰部隊在這裏租了四間房屋，用做安全屋，這些房子白天亦拉緊窗簾，房裏堆著許多背包、盒裝的即食口糧；簡便的桌子上堆放著各種軍事教範和手册、地圖。還有帆布做的躺椅，教官們洗完淋浴，可以休息或打個瞌盹。他們不分晝夜，隨時都會進來。門內過道一旁堆著幾部戰術無線電話機，並且加裝了密語設備，使外人無法偵聽特戰部隊與游擊基地或學員特遣隊間的通話。

史濆生和柯拉卜利在地上冷得發抖。這時，莫侖、古德和其他教官們圍住穆塞，擠坐在一張桌子前，這裏是廚房，現在用來做會議室。

地區游擊司令在北卡羅林那州東部，在為特戰部隊工作的男女心目中，是個令人嚮往的角色。必須經過特戰訓練單位審慎挑選和訓練，由平民來扮演。游擊司令的思想和行動都得像個打游擊的軍頭，腿要跑得快，懂得欺詐，神祕而易怒，喜怒無常，隨時都在找學員隊的麻煩，又不能太過份，免得教官難堪而影響演習。

穆塞的形象和演技，稱得上一時之選。他身穿方格襯衣和牛仔褲，有一嘴濃密的黃鬍子，長髮幾可及肩，還有一對深棕色的眼睛。從儀表上看來，很像古巴的游擊首領蓋伐拉(Che Guevara)。其實他只在海軍幹過很短的時間。可是，在過去二十五年中，他在演習司令會議中，時常會運用他銳利的眼光和低沉的嗓音，使不少學員嚇得發抖。

穆塞舉止小心，力求配合他的身分，他不是一個只會大聲咆哮的老粗，他覺得自己也是一位教官（他不願在本書中用眞名，穆塞是演習中用的假名，他是本地的商人，時常在中東及其他第三世界國家旅行，如果他的往來客戶知道他為美國特戰部隊工作，也許不會對他很友善）。

今晚，穆塞是大家注意的焦點，他在十多位特戰隊隊員簇擁下，像是好萊塢的電影紅星。他對自己的演出已有成竹在胸。

比起另外兩位教官，莫侖覺得自己還眞幸運的。其中一位所帶領的學生隊祕密潛入沒有做好，另一位的學員隊則對地方游擊隊未做好親善工作。兩位教官稱他們的學員是「從地獄來的特遣隊」。他倆各自帶一隊學員，分別走向兩間鐵皮小房，準備參加穆塞召開的地區游擊司令會議。

第一隊學員隊在夜間潛入敵境時，其中一位學員在行進中從口袋裏掉下一包葵瓜子，後來被游擊隊隊員撿了起來。穆塞很生氣，罰學員隊隊長賠五千盾給游擊隊。第二隊學員隊的隊長在進門時，穆塞叫他把 M-16 輕機槍交給衛兵，年輕的隊長執意不依。穆塞叫手下把他推出門外，臉朝下趴在冰冷的土地上。這也難怪學員隊隊長，步兵從開始受訓就不准離開自己的武器。可是，穆塞要他明白，在他鐵腕控制下的松樹國，一切都要聽命於他。這時，游擊隊隊員把一名衛兵拉到趴在地上的學員隊隊長面前，假裝用 M-16 的空包彈把他打死。

其實他們應該再給學員隊隊長一點時間把事情想明白。作戰時自然要手不離槍，但是身在異鄉，又在他人控制之下，如要保住性命，就不能堅持美國陸軍的規定了。

這件事卻使莫倫有點擔心，史濆生雖被蒙住眼睛，卻能聽到剛才發生的事。他想起史濆生和古德初次會面時，就曾爲武器的事大鬧一場，如果等一會也像這位學員隊隊長堅持不肯交出武器，大家可要在這裏泡上一晚也說不定。

想到這裏，莫倫決定做一次「聖誕老人」。教官們在學員遭遇難題時會給他們一些提示，指點他們解答問題，「聖誕老人」後來就成爲教官們常用的習語。他走到後院，輕聲在史濆生的耳旁囑咐他，假如他們要繳槍，就把槍交出來。

史濆生暗自笑了。他身後有一個游擊隊隊員用 M-16 對著他，稍一動彈，他就會開槍。方才又聽到一個衛兵被處決，他才不會爲一支步槍跟游擊隊去計較。其實，他已經沒有興趣跟旁人計較任何事情了。

時間快到下午九點半了，他們兩人在寒冷又潮濕的土地上已趴了兩個半小時，雙手還要交叉的捧住後腦。穆塞與二位學員隊長還一直在交談。冰冷的泥地，把他們身上的卡路里都吸光了，柯拉卜利的手臂早已發痲了。每隔十五分鐘，史潢生慢慢的運動一下他凍僵了的手指，還不能讓衞兵發覺。他心裏不停的只想到一件事：「這鬼地方眞他媽的冷。」

莫侖走進安全屋，向穆塞報告了他帶領的學員隊演習經過。他重述祕密潛入在開始時頗不理想，然後又說出史潢生不該在彈藥的數量未點清前，就交給游擊隊。至於一般過程都能按照演習計劃進行，成績尙合要求。古德這時插了一句嘴，覺得他們還不夠主動。

穆塞點點頭，把他們的評語記在一個黑記事本上，然後問道：「還有什麼要講的嗎？」

「我想有一個好的收場比較好，只要我的學員隊長不和我唱反調。」莫侖接著說：「聽完他的報告後，你也該表示滿意才好。」

「好吧！」穆塞又在記事本上寫了幾下，再將自己準備要說的話又看了一遍，然後走出安全屋，向鐵皮小房走去，莫侖、古德和幾位教官跟在後面。

在鐵皮小屋中，松木地板的另一端，有一扇活門，通往一間水泥築成的地下室，特戰隊隊員已經在裏面擺好一張三夾板做的長桌，桌上放著兩盞煤油燈。

穆塞站在長桌後面，深深吸了一口氣，像演員準備出場似的。然後坐了下來，古德坐在他的右邊。頂燈已熄滅，全憑兩盞煤油燈發出昏黃的光亮。莫侖和其他教官遠遠的站在對面牆邊評分，史潢生和柯拉卜利被帶進來時背朝著他們，只能看到前面坐的穆塞和古德。

穆塞聽見上面有脚步聲，史潢生和柯拉卜利已被帶進地下室，在衛兵要求下，他們把槍交了出來，已聽到穆塞在喊道：「快點下來吧！我們不能在這裏等一夜啊！」

史潢生兩人眼睛蒙著黑布，跌跌撞撞的走下樓梯，進了地下室，站在長桌前面。他兩人冷得發抖，還流著鼻水。

「我要求這裏要做到百分之百的安全保防。」穆塞對衛兵大聲喊著。

「安全檢查全部完成。」衛兵也喊著回答。

「把他們的蒙布取下！」穆塞下令了。

史潢生的眼睛被蒙了三個小時！兩盞昏黃的煤油燈像兩個汽車的頭燈似的，直射他的瞳孔，他只能模糊的看到有一張留著髫子的臉，對著他大聲講話。他瞇著眼，想讓焦距調整到能夠適應亮度，身子仍在不停的發抖。

「我叫穆塞，是這個地區的游擊司令。」

史潢生顫動著行了個舉手禮，然後報上姓名：「史潢生上尉，第九四一特遣A小隊。奉命前來報到。」

穆塞並不注意他的報告，繼續用他低沉而寬廣的語音說：「我們正在討論讓不讓你們進來。我們在此地已經戰鬥了十三年，你們美國人突然跑來對我們說能夠幫我們打贏這場戰爭。」

「我們以爲你們會派最好的戰士前來。」他把兩眼盯住史潢生繼續說。史潢生的眼睛已能適應室內的光亮。「但是，我們也沒料到你們就像一羣鴨子似的，嘰嘰喳喳從東家到西家的就這樣闖進來了。」

史濆生臉紅了，他知道穆塞是在挖苦他，難道他要永遠講下去嗎？

「這就是你們準備提供我們的高水準嗎？」

「下次不會再發生這種事了。」史濆生忍著氣說。

「我的弟兄因爲你們打草驚蛇把村民都鬧醒了，所以不能和你們在第一會晤點見面。究竟你我有沒有一個共同目標？」

「有的，打倒假想敵。」

「那不過是口號。」穆塞有點生氣了：「我們是不是看著同樣的樂譜在唱歌？」

「是的。長官。」史濆生安靜的說。

「他們打算提供我們什麼訓練？」穆塞轉過臉來問古德。

「我不知道有什麼好處，」古德用懷疑的語氣回答：「他們用去許多時間羞辱我和我的手下。」

穆塞轉回頭來問史濆生，臉上顯出不快：「關於軍火，你準備給我們些什麼？」

「這裏有幾處祕密埋藏武器的所在，武器都是我國提供的。」史濆生不理會古德的惡言，重新採取了主動：「我可以請上級指示密藏地點，就可以供給你武器彈藥。」

「什麼時候你可以知道地點，我可以拿到補給？」穆塞逼問著。

「一個月。」史濆生猜想著說。這答案是錯的，實際不會要這麼久。但是如果上級指揮部手邊沒有密藏資料，就需要多些時間。史濆生不想再做出不能兌現的承諾。

「一個月？」古德急著說：「我不能等一個月，我在一星期內需要用這批彈藥。」

「好罷！」史潢生改變口氣說：「我要請示上級，至少也要一個星期才會得到指示此地有無密藏。」

「然後，需要多久時間才會分配給我們？」穆塞接著問。

「如果挖出密藏彈藥，就可以立刻給你們。」史潢生回答。

「好罷！」穆塞說：「給你一個星期。」

「還有別的事嗎？」穆塞又轉過臉來問古德。

古德靠著椅背說：「他們好像在宣揚訓練，但是我也不太清楚他們究竟要給我們安排什麼訓練。」

穆塞開始盤問兩位學員他們所計劃的訓練，柯拉卜利就把訓練的安排作了一番扼要的說明：準備舉行一項野外演習，包括小部隊突擊的演練，需要事先清理出一處靶場，以便練習輕武器射擊。

「你覺得我的弟兄們鬥志如何？」

「我看他們都是有鬥志的。」史潢生嘴裏這樣回答，其實他也不明白。

「我們有什麼弱點嗎？」

「我們正在調查。」

「我們的安全保防，你覺得還好嗎？」

「我們會設法改進。」

「爲了長久之計，你們準備爲我做些什麼事？」

「我們打算招募更多的游擊隊隊員，把你的兵力提高到營級水準。」史濱生覺得身上暖和一些，回答得亦更有信心：「也就是想將一把手術台用的小刀，變成一具沉重的鐵鎚。」

穆塞並未動心，接著問道：「這些話很動聽。你說的都是些常識，我要聽的卻是具體的辦法，我要明確的知道，如何打贏這個戰爭！」

史濱生吸了一口氣繼續說：「我們要多做些地雷戰，也要改進醫療設備，救活更多的傷者，這樣才能使士兵用命，勇敢作戰。我們也可以多發一些餉，或多用些錢來招募人員。我們還可以進行心理作戰。」

穆塞停了半晌，看看他的記事本，然後說：「我要你把詳細的作戰計劃寫出來給我看，我們不久會再見的。」

穆塞把記事本闔起，狠狠的盯了史濱生最後一眼：「你應該明白，我不會看不夠水準的作戰計劃。搞清楚了嗎？」

「是的，長官。」

「不要再搞砸啦！」

地下室中寂靜了一下，站在後面的教官們不動也不出聲。

穆塞打破了沉默下令說：「安全人員做好準備，把這些人送出去。對不起各位，你們的眼睛還是要再蒙起來。我不能讓人家知道我的所在，也不能讓你們知道。」

特戰隊隊員爲他倆蒙上眼睛，引領他們上樓梯，走出地下室。

活門關好，房頂上的電燈打開，穆塞站起身來，覺得相當疲倦。古德、莫侖和幾位教官走向前來圍住桌子，爲這次會議評分。

「從我這邊看來，學員隊隊長有時對自己似乎欠缺信心，」穆塞先開一個頭說：「或許是在屋外處決衛兵的事被他聽到了。」

但是後來在會議進行中，學員隊隊長和士官的表現，可以看出他們已恢復信心。穆塞表示，整體而言，演習過程相當圓滿。兩位學員的演出適如他們的身分，也未說過使游擊隊動怒的話。演習的標準答案也是要他們誠懇和睦，顯然他倆已做到了。莫侖覺得史潢生並不驕傲，將來可以做一位好隊長。

穆塞補充了一句：「學員隊隊長對我們問他何時可以獲得密藏補給，應付得很好。」

「他已經學會不能答應自己沒把握做到的事。」莫侖微笑著對穆塞說。

二月二十三日星期日，上午八點四十五分

醫務士席曼在古德營房的鐵皮房頂下來回的走動，跟在他身後的是古德所指派的年輕游擊隊醫護兵。一場寒冷的豪雨拍打著鐵皮房頂，整個基地都被水困住了。冷雨寒風還會持續三天，學員們個個叫苦連天。另一位醫務士巴恩司爲了給隊員們配藥，已忙了一上午。史潢生由於昨晚趴在寒冷的泥地上太久而胸部受了風寒，還有兩位學員患了腸炎，肚子絞痛，時常嘔吐。

從前一天傍晚起，席曼就想示範給古德看他是如何訓練年輕的醫護兵，現在他從綠色的帆布袋中，拿出一些針具，要教會他做靜脈注射。席曼在古德的營房中選定一個角落，作爲急救站，並用一根木棍掛上牛骨，作爲標幟。

注射「艾微」（IV）混合液是游擊隊隊員必須學會的急救術。服行任務時，特戰隊隊員的背包中就有一套打針用具，注射液稱爲「艾微」，是由鈉、鹽化鈉和乳酸鹽混合配成的針藥。當同隊的隊友或自己受傷時，都可以立刻注射，以防脫水而休克。特戰部隊亦用它作爲緊急水源。莫侖永遠不會忘記，在波灣戰爭爆發前，他參加過的一次求生訓練。在灼熱的沙國沙漠中，氣溫高達華氏一百一十度。他的口乾得受不了時，就靠他背包中的「艾微」液，亦叫乳酸鹽水來活命。喝入口中有濃濃的鹹牛奶味，他加入一小包葡萄糖粉，也無法抵消那種怪味。

注射「艾微」液雖已成爲例行工作，但是靜脈注射仍不免發生危險。消毒不好就容易發炎，生手有時會弄破針管而導致針頭進入血管而引起心臟病。針管中亦不能存在氣泡，如果有一吋長的氣泡打入血管後，就會阻撓血液循環，引起中風。

娃娃臉的年輕醫護兵要學打針，似乎年紀太小了。但是士官長費力浦自告奮勇，捲起衣袖，願意讓他實習。特戰隊隊員時常要做天竺鼠。費力浦就曾在南美洲訓練游擊隊時，讓當地受訓的士兵拿他的手臂來做實驗，這樣才能使他們相信打「艾微」針是安全的。

年輕的醫護兵有點緊張的打開注射包，拿出針頭和針筒，取出裝在透明塑膠袋中的「艾微」

注射液。

「把那塑膠袋先加溫。」費力浦用命令的口氣說。他很討厭冰冷的注射液從他手臂血管中打進去，會讓他打冷顫。

醫護兵順從的用雙手揉摩著塑膠袋，然後在費力浦右臂上綁好止血帶，開始找血管。

「我從來沒替人打過針。」醫護兵喃喃的說，勉強的微笑了一下。

「我知道。」費力浦小心的說。

「你放心，照我說的去做就好了。」席曼帶著安慰的口吻，鎮靜的對他說。

軍方認為席曼和巴恩司與見習了兩年的醫科學生具備同等能力，尤其在醫治外傷方面。他們也會治理槍傷，做一些簡單外科手術，雖然結果不很美觀，但可保住性命，送往醫院再作進一步治療。他們也是護士，要負責衛生。在偏遠的鄉村中處理清潔消毒，預防疾病發生。特戰部隊醫務人員還是希望從當地與游擊隊有關係的人員中，找到眞正的醫師。軍方就可提供現代化的醫療設備，治療重傷患者。

醫護兵在費力浦鼓起的血管上塗抹著碘酒。

「我可不喜歡看到氣泡啊！」他半開玩笑的向醫護兵聲明，「如果只有一點空氣在針管裏，我並不在乎。」

席曼在醫護士肩後教他怎麼做：「不要讓他的手臂受感染。」他平靜的說。

醫護兵摸索著裝滿「艾微」液的塑膠袋和針管，一不小心，注射液就滴到他手上。

「慢慢來，不要急。」席曼勸慰他。

醫護兵額上冒出汗珠。他緊抓住針筒，好像在用一把螺絲起子打開針帽，他把針尖對著費力浦的手臂，似乎給一條響尾蛇打針。

「把皮膚繃緊。」席曼提醒醫護兵。他立刻用左手抓緊費力浦的手臂。

「現在把針筒放低，對正血管的位置。」席曼又在提示。

醫護兵鼻息沉重，有點畏縮的把針尖插進皮膚，小心翼翼的推入血管。費力浦一直在注意觀察，席曼教醫護兵把針筒套在針管外面，檢查針管中有無氣泡。

直到把針筒用膠布固定在費力浦手臂上，醫護兵才筋疲力盡的在一旁等候「艾微」液滴入血管。但是不見動靜。

席曼終於下了結論：「這次沒有做好。」醫護兵打對了血管，可是用力太猛，針頭又穿出了血管。他繼續說：「你還得再做一次。」

醫護兵看上去非常尷尬，似乎剛完成了開心手術，卻聽見人家說他弄錯了病人。

「這種事難免會發生的。」席曼安慰醫護兵。

費力浦捲起左臂的袖子，醫護兵按照程序重新做一遍。可是，這次卻找不到血管。

「不要用你的手碰他的血管。」席曼提醒他。

他笨手笨脚的找了半天，還是沒找到，弄得費力浦也緊張了。席曼告訴費力浦他自己已讓醫護兵試過一次，他卻找對了血管。後來，又有一位特戰隊隊員志願讓醫護兵注射，折騰了半小時，他終於找對了血管，按部就班的完成注射，「艾微」液順暢的流入血管。

二月二十三日星期日，下午一點

陸軍的「即食口糧」也不比當年的軍用口糧好吃。有一種粉狀的火腿蛋，加水攪和後，配上小瓶裝的辣醬油，吃起來還有點煎蛋包（Omelet）的味道。但是，從前口糧中的鐵罐頭，現在多被塑膠袋取代，很難加熱。從前的罐頭蜜桃亦變成脫水的果乾，雖然加了水，味道卻像加了糖的泡膠。

用過三天「即食口糧」後，腸胃就有點受不了，因爲那些食物中多含濃縮的碳水化合物和蛋白質。學員們在演習中要吃上兩星期。不過，如果他們運氣好，今晚就可享用一頓不同的晚餐。

當地的大地主胡西答應給學員三隻雞，還有白米、馬鈴薯和紅蘿蔔，外加一支鐵鍋，準備做一頓紅燒雞塊大餐。可是，學員們要到附近的胡西農莊，自己去抓雞。

史潢生帶了席曼、巴恩司和羅塞爾等人到了農莊，走進養雞場，幾十隻雞分散在四週，他們費了很大力氣，才捉到三隻。

回到基地，學員們把三隻雞在營房外面圍起來，席曼抓起一隻雞，把雞脖子扭了一下，放在地上準備動刀，不料那隻雞跳起身來，就向樹林中奔逃。大家都看傻了。

古德看在眼裏覺得好笑，他從自己營房中走過來說：「好，我來教你們怎麼殺雞！」

游擊隊隊長抓起一隻母雞，輕鬆的把牠的頭彎過來壓在翅膀下面，用手撫摸了幾分鐘，母雞不再掙扎了。然後他從地上拾起一根小樹枝，在雞的嘴前約半呎的地上，不停的來回劃著線，過了一會，雞躺在地上不動，已被催眠了。

古德立刻用皮靴踩住雞頭，一手抓住兩條雞腿搖了兩下，接著向上一拉，母雞頓時身首異處，雞身還在顫動。學員們看了覺得有點害怕。其實，這樣殺雞還比較人道，當時牠已快睡著了，而且雞肉吃起來也會比較嫩。

二月二十四日星期一，上午十點十分

史潢生臉上擦滿了黃綠相間的僞裝油膏，集合了游擊隊隊員和他們的隊長，圍著在地上用泥土堆成的地形圖，亦叫「沙盤」，講解即將執行的伏擊行動。圖上用白線代表一條山路，曲折蜿蜒的通往一座山峰，轉過山峰，就是伏擊地點。

這次伏擊並不困難，主要是訓練古德的游擊隊員。可是，史潢生想讓古德相信他能培養出更好的戰士，就選擇較易達成的任務，也稱爲「信心目標」，使游擊隊隊員感覺訓練確實有效，美國特戰隊隊員是可靠的戰友。史潢生昨晚接到總部來電，目標是少數敵方警衛，定時通過那條山路。

對史潢生來說，伏擊是他的家常便飯。他曾在喬治亞州班寧堡，擔任突擊隊教官兩年，教授伏擊和突擊。他閉著眼都可做出這次伏擊計劃。

他把這次作戰計劃分成五項重點：狀況、任務、執行、勤務及支援、以及指揮與通訊。這種五點計劃是標準的軍事計劃典範，上起軍師，下至班排，無不適用，可以使作戰構想有系統而條理分明的付諸實施。

他手上拿著一本綠面的筆記本和一張戰術地圖，一面用一根小棒指著地形圖，把伏擊點周圍的地形很快的作了詳盡的說明。游擊隊隊員預定在中午十二點半完成就位，「我們要一舉殲滅敵人」。他用軍語說明了伏擊目的，並且規定伏擊不得超過七分鐘，包括搜尋敵人身上一切有用的東西。

古德和莫侖在一旁聆聽。史濆生繼續說明其他要點，諸如潛入路線、中途經過的小路、有無曝光的顧慮、停止行進時的安全警衛、進入伏擊陣地前的集合點，以及埋伏在目標通過山路兩端的通風報信人應注意事項。

游擊隊隊員以楔形列隊通過森林，到達伏擊陣地時，史濆生親自指派人員就射擊位置。就位後，不准說話或吃東西，除了雙眼外，一概不准動。

伏擊的金科玉律是一開始就要用最有利的武器。這次行動中，所使用的就是M-60重機槍。停止射擊的信號是由史濆生丟出一枚手榴彈，攻擊小組隨後衝向前去，查看死傷情形。撤離時，由拉衲少尉擔任斷後，保護游擊隊安全脫離。

各項要點交代明白後，古德給史濆生一個滿意的眼光。史濆生決定趁機向他強調，美國重視救傷的觀念。「我們要把受傷或犧牲了的同志儘快移開，不讓敵人認出他們來。」他一面看著古德一面說：「把自己受傷的同志留下來會影響士氣，死傷一概不留下，會使敵人困惑而不知我們是何方神聖。」

古德裝著勉強同意他的看法。

上午十一點，做完了正式演練，每一個人都明白自己應站的位置，史濱生就帶游擊隊隊員和幾位學員出發了。殿後的人員負責清除行進的足跡，以防曝光。約一小時後，他們已到達指揮部營房以西的伏擊地點。

快到下午一點時，一組由第八十二空降師傘兵擔任的假想敵，從山路上徒步通過，M-60重機槍突然朝他們開火，游擊隊的M-16步槍緊接著短促的點放了約一分鐘。史濱生丟出手榴彈，攻擊小組立刻從叢林中衝向前去，在假想敵身上卸下步槍和子彈，在他們衣袋中搜索文件。

莫侖看看錶，三分鐘過去了。他知道史濱生帶領的游擊隊不會在此超過五分鐘，一旦開了火，敵軍會很快的聞聲趕來。

「攻擊小組，脫離現場。」史濱生大聲叫著，那時已沒有保持靜默的必要了。

莫侖又看了一下錶，對自己說，四分鐘了。

「動作快點！快一點！」史濱生不斷催促在搜身的游擊隊隊員。

他們到了撤離的集合點，史濱生清點過人數，確定沒有人受傷或失散，就開始集隊潛出。不久，這一夥人就消失在叢林中。

「五分鐘。」莫侖高興的說。伏擊幹得既快速又無懈可擊。擔任游擊隊員的特戰部隊輔佐人員，只在布雷格堡受過短期的軍訓，卻表現出充分的戰鬥意志和熱誠。史濱生和學員們實際給他們上了一課。學員隊隊長也覺得自己似乎從正規軍人變成非正規作戰的鬥士了。

二月二十七日星期四，下午八點

穆塞坐在一張鐵質桌子後面，桌子放著上次會議中所用的小道具：兩盞煤油燈，不過這次會議是在一間木造的工具房中進行。穆塞身爲游擊司令，爲了規避假想敵的偵查，他必須時常變換會晤地點，以便與學員隊隊長們晤面。這房間的天花板上懸著一盞電燈，配著簡便的鐵皮燈罩，房屋的另一端有兩片上了鎖的活動門，周圍牆壁上掛著一些農作用具和卡車零件。

莫侖拉過一張椅子坐在桌旁，穆塞又拿出上次用的黑色筆記本，寫下今晚他要講的話。這是演習中最後一次會晤，上次會晤之後已過了一星期，演習中一週就等於實際生活中的半年。現在穆塞需要一份游擊隊訓練進展報告，松樹國的游擊隊此時正在準備配合大規模進攻。依據上次與學員隊隊長會晤的成績，在這次會晤中，要給學員作最後評分。

知更鳥與靈艾演習已到最後階段，負責訓練的官員和士官幹部熱衷的討論著，對一部分成績不理想的學員隊隊長，穆塞應採取何種態度，有時隊長違反了游擊戰原則，也有與游擊隊不能和睦相處的。主管訓練的穆塞主張要嚴詞斥責，同時也要顧慮到學員隊隊長的反應，不能過分羞辱他們。

這一週來都在下雨，基地營區幾乎變成一片沼澤，遍地都是泥和水，睡袋都弄濕了，害得特戰部隊所扮演的游擊隊隊員和學員們個個愁眉苦臉。史潢生還感染了喉頭炎，已吃下不少抗生素，他和學員們仍然不停的訓練游擊隊隊員。莫侖期望這次史潢生和穆塞會晤，會較上次順利。

「游擊隊隊長古德會向你報告，他的隊員一面接受訓練，一面擴展作戰，戰果相當豐碩。」莫侖概要的告訴穆塞，後者用筆記本一一記下。會晤時，古德將坐在他右手，另一位軍官則坐在他左邊。

莫侖在桌上攤開一張作戰地圖，把學員和游擊隊隊員預定攻擊的最後目標指給穆塞看。那是離開基地營區約四哩的一座橋樑，在西北方，靠近郁米村。

「要向史潢生強調攻擊時間的重要性。」莫侖又向穆塞說：「要他們一定在你預定的時間去攻擊，我打算在這方面給他們加點壓力。」

這次行動主要是配合正規軍包圍並擊敗假想敵。

穆塞低下頭去，在地圖上查對那座橋樑的經緯度，好把正確的座標告訴史潢生。他一面問莫侖：「我們要把目標完全摧毀嗎？」

「只要破壞一半就可以了。」莫侖答道：「使它暫時不能通行，事後，游擊隊隊員還要把它修復，可以重新使用。」

穆塞靜靜的坐了幾分鐘，看著記事本，嘴裏念念有詞的練習了一下要講的話，然後說：「可以啦！我準備好了。」

穆塞靠緊椅背坐穩，室內靜了下來，教官們站到學員看不見的後方。一位教官關掉了頂上的電燈，只剩兩盞煤油燈發出昏黃的光亮。

史潢生和柯拉卜利又被蒙著眼帶了進來。這次，他們穿的夾克有多層的聚丙烯合成的襯裏，禦寒而且保溫，不會像上次那樣挨凍了。

「把他們的蒙眼布拿掉！」穆塞開口了。

史潢生和柯拉卜利眨著眼睛，適應室內的光線，然後在桌子另一端的兩把椅子上坐下。

穆塞對學員一語未發，轉過臉來就問古德：「美軍近來都做些什麼？」

史潢生心裏在想，看他這次怎樣訓我們，會不會怪我們不會殺雞？

古德有點不甘心的答道：「我們眞沒想到美軍表現得非常好。由於他們的協助，我們大有進步，現在已成爲一支善戰的勁旅。」

史潢生聽罷才鬆了一口氣。

穆塞表示滿意的看著史潢生說：「告訴我你對游擊隊作戰實力的評估。」

「我們準備中止支援你們的物資。」史潢生很有信心的答道。他也提醒穆塞，盡力避免他的游擊隊與正規軍發生正面衝突。

莫侖遠遠的站在後面微笑著，他覺得回答得不錯。

穆塞也表示滿意，他對史潢生說：「我們覺得只有密切合作，雙方才都會有利。把我們的意見轉達給你的隊員吧！」他嚴峻的眼光中流露出一絲謝意。

史潢生答應了。穆塞攤開作戰地圖說：「在三十天之內，我們要揮兵北進，把假想敵軍逼退到松樹國北方。」他指著地圖開始講解，史潢生和柯拉卜利把臉湊過來注視著。「但是，這條橋一定要先摧毀，敵軍就無法向南運送補給品了。這次任務，時間的因素最重要，必須在午後八點完成摧毀，不可超前或延後兩分鐘以上。」他停了一下問道：「你們對破壞這條橋有沒有問題？」

「沒有問題。」史潢生向他保證。

「我手下的人做得到嗎？」穆塞逼問著。

「我們對他們有信心，如果我們走了，他們一樣能摧毀這些目標的。」柯拉卜利揷了一句嘴。

莫侖向身旁的教官豎起他的大姆指，對史潢生二人的答話顯得非常滿意，有信心、有條理，已贏得游擊司令的信任。

「好罷！」穆塞轉過臉來看一下他左邊的軍官說：「這位是你們特戰部隊派來的代表，他有指示帶給你們。」

這位軍官來自特戰中心，他是空降潛入游擊基地的。戰事結束後，戰略指揮部已決定將這地區的游擊隊復員，改編成地方保安部隊或是解甲歸田，解除武裝。他攤開一張地圖向史潢生二人講解復員計劃。

復員計劃預定星期天早晨六時開始實施。學員要設法說服游擊隊隊員，並且收回他們的武器，同時也會發給他們遣散費和勳章。游擊戰是發動容易，停止難。在實際作戰中，收編游擊隊是件艱難的工作。

「帶著你的小隊到座標二三三二的位置，在三叉溪南方和雷地溪東方的道路上完成會合。」軍官指著地圖下達指示。「前來會合的小隊有卡車，會帶你們到復員站，也就是柯嶺學校。」史潢生看著地圖上的會合點，離開基地西方只有一哩，復員站在北方柯嶺鎮中，約十二哩。

「在會合點與卡車司機見面的口令,由你先開口問他:『車子是不是有問題?』他應該回答:『沒有,我正在休息。』現在由你重述一遍。」

史潢生從頭覆述一遍軍官下達的指示。

「游擊隊復員之後,他們該做什麼工作呢?」穆塞平靜的問。

史潢生想到兩點。第一,破壞橋樑不過是一項突擊任務。第二點,關於游擊隊復員的程度,就得看穆塞的意願了。

穆塞接著說:「我們正在討論這個問題,你有意見嗎?」

「可以縮小編制,用於民防,也可用於保障法律和維持治安,或者改編成松樹國的軍隊。」史潢生又說了一些改編的細節。

「這意見很好。」穆塞表示滿意接著說:「我們也期望有這麼一天,對大家都好。你們這次表現得很好。」

會晤就此結束。史潢生二人的眼睛又被蒙上,然後被引領著走出小屋。

莫侖用拳頭打著手掌連聲讚美,他對這次會晤的結果非常滿意。前幾天曾經通知史潢生星期五與穆塞會晤,後來故意提早一天,改爲今天晚上,使他措手不及,測驗他的應變能力。不料他應對得體,而且很有條理的表達了自己的意見。

莫侖點燃了一支香煙,兀自興奮不已。

「嘿!老莫,我看你是把答案先告訴他了。」另一位教官跟他開玩笑的說。

「那怎麼可能，全都靠他自己的。」莫倫笑著說完話走出房門，步入寒冷的夜空。

二月二十八日星期五，下午七點五十五分

莫倫把他的小貨車停在橋的西邊，看看手錶。他選出恩悌，一位爆破專家，帶領學員隊前來摧毀橋樑。如果一切按時進行，五分鐘之內，攻擊即將開始。其實，恩悌的隊員已隱伏在橋樑四周，準備發動攻擊。莫倫看到擔任假想敵的八十二空降師士兵在橋上警戒。

莫倫又看了一下手錶，下午七點五十七分，他擔心攻擊發動後，恐怕會給當地住民帶來些麻煩，剛才就有一位婦女牽著一隻德國牧羊犬向他抱怨周圍多了許多噪音，再過三分鐘，炸藥起爆，她一定會更不高興了。

午後八點整，M-60 重機槍從橋的兩端響了起來，交叉成一片火網，莫倫對自己說：「他們眞準時。」

不一會，西邊的重機槍忽然不響了。那是空包彈使用的火藥，時常會堵塞槍膛中的發射機件。莫倫站起身來查看，機槍助手立刻拿起 M-16 步槍繼續射擊，機槍手實在沒法消除故障。莫倫覺得他們都能按照規定行事，頗表滿意。

這時，架在路旁的重機槍轉向左方射擊，這樣，突擊隊隊員可以很快的從右邊匍匐爬行，進入攻擊位置，發動攻擊。還不到五分鐘，恩悌帶領的學員隊已制服了守橋的假想敵軍。

他們很快就完成周圍的警戒，恩悌和幾位爆破手衝到橋架下方，在五處橋墩上綁好演習用的

C-4 炸藥包，然後用啓爆線連結起來。恩悌從上衣口袋拿出一枚演習用手榴彈，上面裝置了定時器。當最後一個炸藥包連接上啓爆線時，恩悌把定時器向左轉了四分之一圈，拉掉啓爆栓。

「馬上要啓爆了，趕快脫離！」恩悌大聲一喊，隊員們立刻四散找尋掩蔽。恩悌把定時器定在兩分鐘後起爆。

亮光一閃，轟然一聲巨響，手榴彈爆炸，表示橋被炸壞了，接著響起一片狗叫聲，橋樑下方還不停的冒出濃煙。莫侖看看手錶，一共只用了十分鐘就完成這項任務，成績很好，他覺得很高興。

學員們和游擊隊隊員繼續向北方的集合點行進，莫侖走到橋下，仔細檢查炸藥包和啓爆線，發現炸藥包綁緊穩固，啓爆線連結良好。如果是眞的炸藥，橋的中段已被炸毀，橋樑會從中間崩塌下來。

「很好，」莫侖喃喃自語：「成績很好。」

二月二十九日星期六，上午八點

莫侖和古德走進學員隊在基地的營房，史潢生正做完「地區評估報告」。這份報告中，詳述游擊隊的情況、敵軍兵力分配、地形與地圖有無不同之處，以及學員隊蒐集到的各項情報。這亦是特戰部隊例行的期終報告。

兩位教官把學員們集合起來，莫侖先把昨晚演習所見的小缺點提出檢討。卡車司機歐布來在演習完了後，曾把部分學員載回基地營房。事後，他在卡車中拾到一枝美國政府用的鋼筆，東西雖小，如果被假想敵的檢查哨發現而識破，就無法完成任務。

莫侖然後用溫和的口氣說：「在座的各位同學都是好戰士。」學員們第一次聽到這麼好聽的話，覺得輕鬆多了。「開始時我對幾位同學確實沒有什麼把握。後來，隨著演習的進行，改變了我的看法。現在各位以優良的成績結束了演習，不論摧毀橋樑或是會晤游擊司令，都使我們很滿意。唯一使我覺得遺憾的是，很難再遇到像你們這樣好的學員隊了。」過一會，歐布來要帶他孫子學校的童子軍來參觀。他接著關照學員們說：「他們是來瞻仰英勇的特戰隊隊員，你們說話要小心，要讓人家尊重你們。」

古德隨後也作了講評。他看著史濆生說：「演習開始時，你們犯了許多錯誤。你來見我時，事先就應該做好親善計劃。你們對戰鬥表現得很好，如果我只要會作戰的，找突擊隊就好了，何必找你們？就是因爲你們應該具備和游擊隊和睦共處的本領。」

「游擊行動和突擊作戰都是特戰隊隊員領導，我們游擊隊是不負責指揮的。」古德表明了立場。

這是美國特戰部隊的習慣。當他們與外國軍隊共同作戰時，總以爲美軍較優秀而擔任指揮，結果等於替外國人作戰，越戰就是現成的範例。

但是，現在的戰爭卻不同了。「不論是游擊戰或反游擊作戰，美軍只是跟在隊伍後面。」莫侖補充了古德的意見。在拉丁美州實行緝毒訓練任務時，美軍特戰部隊甚至不准與突擊小組同行。

「總而言之，你們做得很好。」古德下了結論。

演習期間，教官們曾使學員們覺得自己無所不能，現在莫侖覺得應該讓他們重新認識現實。他警告學員們：「你們一定要記住，這不過是個開始，通過了『知更鳥與靈艾』演習，還是有綿長的資格訓練，別以爲自己了不起了，其實這不算什麼。」

莫侖繼續說下去：「如果你們想知道怎樣做對自己比較好，那就回到你們的A小組後，第一個月閉起嘴來，只聽不講。總要經過好幾次的派職和到海外去服勤，你才會覺得勝任愉快。不管派到海外去擔任訓練或祕密工作，甚至是游擊作戰，特戰隊隊員必須認眞學習獨立思考，一切得全靠自己。」

「你們是一羣初出茅廬的小伙子，外面的世界不是想像那麼美好。正規軍隊裏那一套在叢林中並不適用。一位特戰隊隊員必須靠自己的智慧，與內心對是非的判斷而生存。」

「你們每個人都是大使。」莫侖最後說道：「你們時常是外國游擊隊所看到的第一個美國人。他們會把你當成是電影中看到的人。」

第二章 地獄週

美國加州聖地牙哥海灣中，有一個南北向狹長的半島，地名可樂那多，是聞名的休閒勝地，通過北方的一條海灣大橋與聖地牙哥城相連。現在是四月中旬，帶著寒意的海風從太平洋吹來，喜歡晨泳的人，會覺得泳池的水還有點涼意。

星期天晚上九點，半島上香橘街兩旁的商店多已打烊了，在有歷史性的可樂那多大飯店，用罷晚餐的貴客也都回家了。好萊塢名片，由瑪麗蓮夢露、傑克李蒙和湯尼寇蒂斯合演的《熱情如火》，就是在這家大飯店拍攝的。有些退休的人還在沿著太平洋海灘散步。香橘街後面有不少百萬巨宅，庭院中的草坪花木修剪得整齊美觀，卻都沉浸在夜色中，四週一片寧靜。

「砰！」一聲巨響，從半島南部傳來震耳欲聾的砲聲，緊接著響起一片機槍聲，警鈴呼嘯悲鳴，還夾雜人們的嘶叫聲。可樂那多警察局的電話鈴開始響個不停。高樓大廈的電燈陸續亮起，旅館的賓客還以爲第三次世界大戰爆發了，蘇俄的軍隊對美國發動了攻擊。但是，住在當地的人卻不驚慌，他們知道「地獄週」又開始了。

半島的南部沿海地帶，是美國海軍特種作戰中心所在，四週環繞著頂端有鐵絲網的圍牆，牆外掛著「禁止通行」的告示牌。牆內正在進行一項實兵演練，槍砲聲四起，如臨戰地，原來是美國海軍在訓練海豹特攻隊。因爲這一週是美軍對體力最嚴苛考驗的訓練，所以稱爲「地獄週」。

海軍特戰中心的演練場，面積廣闊，地面鋪著柏油，進口處掛著一面牌子，上面寫著「只有昨天才是容易過的日子」，正是海豹特攻隊不畏艱苦的座右銘。演練場周圍用一連串草綠色的螢光化學棒區劃，南端一堆沙袋中間，放著兩隻大鐵桶。演練用的假砲彈，數以百計的相繼投入，發出一片夾雜著噓聲（未爆炸前）的爆炸聲，硝煙隨即衝上夜空。

海豹隊學員從頭到脚一身是綠，只有帽子後面繫住後領的一條帶子是橘黃色的（以防帽子掉落）。他們衝進場後，隨著教官的命令，像一條魚似的不停的在地上做著伏身、翻滾和背朝下等動作，還有從粗水管中噴出的水柱，不斷的向他們身上噴射。這個演練場就此得了一個外號——絞肉機。

演練場南方兩個角落裏，裝了兩具噴霧機，噴出白色煙霧掩蓋地面，像歌廳裏營造氣氛用的那種白霧，但有一股怪甜的氣味。教官藍得利是康乃迪克州人，三十一歲，性情溫和，可是上了演練場就變得很活躍，他扛著 M-60 重機槍在場中四面奔跑，向空發射空包彈，大聲吼叫。學員就爲他取了個「野人」的綽號。

北端的指揮台上站著喬教官，他是一位滿頭黑髮和留著小鬍子的加州人，三十五歲，外向而好交際。他教學嚴格，賞罰公平。

「伏身！起立！仰身！」他從麥克風中大聲下達命令，一個緊接一個，學員們簡直跟不上，有的趴在地上，有的站著，有的仰面躺著，還有三種姿勢都不像的。

他裝出生氣的樣子，走入學員隊伍大聲斥責他們：「你們最好給我聽明白。伏身！起立！仰身！」他喊的還是一樣快。

這次有點進步，但並不多。

喬教官命學員回營更換衣服：「回去把你們的上衣脫掉，穿內衣出來集合，給你們五秒鐘。」學員們發瘋似的奔回營房，一位學員的肩膀撞上了一株柏樹，肩骨脫臼了，成了地獄週中第一位傷患。

學員們再跑回演練場，三十秒已過去了，居然遲了二十五秒。喬教官很不滿意，用水管把他們又噴濕，要他們再來一次。

第二次集合，只減少了幾秒鐘，不合格。再噴水，然後還罰他們做原子式仰臥起坐，坐起時，膝蓋和脚要同時上舉。

第三次集合，只用了十五秒，仍然不理想，還有一個落單的喘著氣跑回來，更違背了「成雙」的規定。從開訓時教官就不斷的灌輸學員們有要「成雙」的觀念，每人都有一個指定的「泳伴」。這也是三十年來海豹隊隊員向來未遭敵人俘虜的原因。海軍規定，不管受傷或戰死，一定要把自己的「泳伴」帶回來。

喬教官拿起牛角式手提麥克風對學員們大聲喊道：「你們究竟是怎麼搞的？」說完就命令他們做伏地挺身，一面在旁邊叫著：「起、伏。起、伏。」

地獄週才開始不過一小時，學員們已被不停的演練和冷水噴射折磨得筋疲力盡，此後五天，日子更難過了。演練不會比過去一小時輕鬆，而且五天中一共只有四小時睡眠，平均每天只睡四十八分鐘。

李察海軍上校站在二樓的陽台上，靜靜的觀看演練的進行。他是特戰中心指揮官，也是海豹訓練班的主管，今年四十四歲，仍能推舉三百三十五磅。他身體強壯，留著小鬍子，學校時代曾是舉重冠軍。曾在越戰中受過傷，喜歡和年輕軍官開玩笑。

海軍海豹隊（SEAL）原是海空陸三字的縮寫，隊員們算得上美國三軍中體格最強壯、最勇猛的三棲戰士，堪稱舉世無雙。他們的特長除了潛水、水底爆破、河川戰鬥和海岸突擊外，還具備陸戰專長，如游擊戰和反游擊戰、突擊和情報蒐集，亦能擔任空降、直昇機突襲、小部隊突擊和反恐怖份子作戰等。

他們的根源是二次大戰時的蛙人隊，專司海灘偵察、清除障礙物，以利盟軍兩棲部隊登陸，爲海軍陸戰隊開路。甘迺迪總統上任後，下令三軍加強反游擊戰力，海軍從六〇年代開始，將蛙人隊陸續擴編爲海豹特攻隊，任務亦隨而增加，包括游擊戰和反游擊戰。

越戰中，海豹特攻隊是參戰的少數美軍特戰部隊之一，越共稱他們「綠面人」，他們隨時會從地上冒出來，把人抓走。越共亦怕他們。海豹隊曾在越戰中冒死達成多項危險任務，參加過最慘烈的戰鬥。他們在越戰中獲得很多勳獎，包括國會榮譽勳章三枚、海軍十字勳章二枚、銀星獎章四十二枚、銅星獎章四百零二枚，還有好幾百枚紫心勳章頒發給作戰受傷的隊員。

榮獲第一枚國會榮譽動章的柯爾利少尉，一九六九年率領海豹特攻隊，在越南芽莊灣突擊小島上越共掩體時受傷，炸去了一條右腿。他當時流血不止，仍然指揮隊員殲滅越共，達成任務。現在他已進入美國國會，做了參議員。

柯爾利的英勇事蹟在海豹特攻隊中並不少見。海軍對捨身拯救戰友於戰火中，或是堅忍不移，受常人所難以承受的痛苦而達成任務的隊員，都會從優議獎。

海軍的海豹訓練就是爲培養這種優秀戰士而設計的。平常從開始申請到成爲正式海豹隊隊員，需要一年時間。提出申請的年輕海軍官兵，首先應具備強健的身體，年齡多在二十歲上下。錄取後，首先接受七週的游泳和體力訓練，增強學員體力。然後他們要受九週的基本水底爆破訓練，前五週還是游泳和體力方面的繼續加強，第六週就是現在進行的「地獄週」。

「地獄週」對一位海豹隊隊員的養成來說，是近乎神聖的過程。海豹隊隊員沒有一個會忘記自己的學號，就像作戰的官兵不會忘記第一天上戰場一樣。海豹隊隊員相信，把一個人的耐力發揮到極限，才能成功的執行並達成海豹任務。每班學員中，至少有半數以上受不了苦而退訓。女性官兵是不准參加的。

通過海豹訓練的學員，佩上三叉戟胸章，亦是海豹特攻隊隊員的標幟，個個體壯如牛，胸背肌肉特別發達，像是奧運運動員。但是據海軍統計，退訓的學員體格也很強壯，不同之處就是意志力的問題。

地獄週的目的是使學員忘記痛苦，全神貫注在達成任務上，可是說來容易，做起來就太不簡單了。痛苦到了某種程度就感覺不到了，精神可以讓身體做出平常做不到的事，如同打破世界紀錄的運動員，這就是主辦訓練單位的想法。

學員們的經驗是要使自己暫時做到身心分離。在冰冷的水柱噴射下，肉體在不停的運動，全身自然都會疼痛難忍，這時心志必須有所寄託，如同在黑暗的船艙內，只要透過小圓窗向外看，就可看到光明。心中要認爲自己不過是身體的旅客，也就是把心身暫時分離，使肉體所受的痛苦，不讓自己的心志去感受。這種「忘我」的想法，學員們稱爲「小圓窗效應」。退訓的學員想不到這一點，以致讓肉體的痛苦征服了自己的心志。

這種「小圓窗效應」，也說明了柯爾利少尉爲何能在越戰中，身受重傷仍能達成任務。

歷年來新聞報導和國會調查，都曾認爲這種訓練太不人道，過於殘酷，並且對退訓人員亦頗輕視（作者曾親身參與地獄週五天實地觀察，睡眠時間總共十六小時，受訓過程雖然備極艱苦而並非殘酷。至於對退訓人員的處置也已有改進，如將他們調任其他工作，因訓練受傷的學員也可在傷癒後，留到下一班繼續受訓。教官們也不准再對學員體罰了）。

不過，地獄仍然存在，地獄週的壓力也未減輕。教官們分成三班，一天二十四小時輪值，每班八小時，約有六位教官值勤。學員們所受的艱苦不在話下，連教官們值勤八小時後，也都筋疲力盡了。

一九九二年四月十二日星期日，下午十點

在演練場上，喬教官還在吹著哨子，教學員做體力操練，他要學員們聽他吹哨子作號令：吹一響，大家立刻趴在地上，兩手放在後腦，張開嘴，兩腿交叉，做出閃避敵軍砲彈來襲時的姿勢。吹兩響，匍匐前進，向吹哨人站的地方爬過去。吹三響，大家都要起立。

這種哨子操練在海豹訓練中已行之有年，受過地獄週訓練的海豹隊隊員，在「沙漠風暴」作戰中一聽見伊拉克砲彈呼嘯飛來時，就會立刻趴在地上，雙手護著耳朵和後腦，可見這種訓練印象深刻使人難忘。

這批學員隸屬海豹基本訓練班第一八三班，爲首的學員長藍錫上尉，是班中階級最高的軍官。他今年二十九歲，紐約賽路可斯大學英文系畢業後，加入海軍。費了七年時間，他終於如願加入了海豹隊。

由於海軍人事處的疏誤，藍錫上尉申請加入海豹的公文屢遭擱置。他曾任爆炸物處理官、潛水和空降軍官，以及特戰軍官，再過一年，他就會升到少校，擔任特種掃雷艇的指揮官。他參加地獄週對他自己的前途亦是一項考驗，只准通過，不能失敗。

如果失敗，他可能會退出海軍。若是通過了訓練，他階級很高，教官們覺得將來他可能會變成他們的上司，率領他們執行突擊任務。這種想法不免使教官們對待藍錫上尉另眼看待，凡是班中同學犯錯，藍錫上尉也要陪著一同受罰。

其實他是基本訓練班第一八二班的學員，在「地獄週」開始的前兩天，他忽然得了肺炎，起先他想瞞著軍醫，後來又服下大量抗生素申請繼續受訓，教官們不同意，才留到第一八三班重新訓練。所以，原爲五週的體能訓練，他已比同學多受了一倍的伏地挺身和游泳等訓練。

第一八三班開訓時，共有學員一百零四人，可是到第六週地獄週開始時，只剩下五十八位了，幾乎半數受不了體能訓練的折磨而被淘汰了。

以藍錫上尉爲首的五十八位官兵學員，開始進入地獄週時，互相期許，決不退出訓練，甚至彼此相約，用特定的手勢來鼓舞士氣。

訓練班的科目不同，卻離不開「進度（Evolution）」二字，每天的科目如長程游泳、通過障礙物行軍、四哩跑步和小舟衝浪等，教官對每項科目的進度都很注重，毫不放鬆。基本班開訓時，學員們曾出資請教官們吃了一頓烤肉大餐，佐以北歐進口的啤酒。但是，請客歸請客，教官並未因而高抬貴手。

星期一開訓，教官對他們就毫不客氣，學員們覺得這些教官都像職業演員，不值勤時很友善，值勤時完全變了一個人，兇狠狂暴，還認爲自己是業餘心理學家，把學員的身體和精神壓迫到極限，將要崩潰時才肯放鬆，就這樣一緊一鬆，搞得學員們筋疲力盡而且痛苦難堪。

地獄週訓練每天清晨五點半開始，到近傍晚時才停止，藍錫上尉和第一八三班的學員們發現唯有對自己不停的說：「只要能熬過這一週就好了！」，才勉強支持得下去。

訓練科目之一，稱爲「潛浪」（Surf Immersion），學員們跑步衝入海浪，再跑回海灘。學員們沒想到南加州的太平洋海水還是這麼冷，也沒想到全身濕透之後還能支持這麼久，他們就把這個科目改稱爲「浪刑」。

他們用的橡皮艇，全新的約重一百五十磅，陳舊而帶補釘的就很沉重。不在水中使用時，就用頭頂著它，在海灘上走上好幾哩，也有個外號，叫「小小船」。

有的學員受不了折磨，已在服用止痛藥，又不敢去訓練中心的醫務所看病，怕被醫官將他留到下一班重新受訓，只有和曾任醫護工作的同學私下談談。

地獄週的訓練日記，其中包括一週中每天訓練的科目和時間，對學員列爲機密，加鎖保管。可是，學員有他們自己的蒐集情報組織，時常會事先把時間表影本弄到手。教官們爲了不讓學員預知訓練科目，也會臨時改變科目，使學員無法準備。

五十八位學員中，有一位跑回營房時，撞傷了肩胛骨而退訓，現在只剩五十七位了。李察上校對退訓的人數非常注意，尤其是訓練中受傷退訓的。他每年至少要訓練出三百位海豹隊隊員。不像從前的海豹隊，規模尙小，不在乎淘汰多少學員。現在，要保持一支二千五百名海豹隊的實力就不同了。退訓學員等於浪費金錢和時間，尤其在國防預算縮減的今日。但是，海豹隊隊員的素質不能改變，亦不能因爲減少淘汰而降低訓練水準，負責執行訓練的主管時常會覺得兩面爲難。

雷厲上尉站在看台上向海邊望去，第一八三班學員，五十七條漢子，面向太平洋列隊做著伏地挺身，教官們向空中射出照明彈，照亮了漆黑的夜空和海岸線，也可看到學員們的身影。

雷厲上尉出身海軍官校一九八六年班，今年二十七歲，看來更年輕些，波灣戰爭中榮獲銅星獎章。他曾在戰爭開始時，率領一班海豹隊隊員，祕密潛入科威特。

這時，他在看台上抓起擴音筒喊道：「潛浪！」

學員們從伏地挺身的位置立刻改爲「熊爬」，四肢著地的向前爬去，快到海邊，傳來停止的命令。他們站直身子，手臂挽著手臂向海浪迎面走去，他們頭頂上亮著照明彈，冰冷的海水，衝擊著胸膛。藍錫上尉幾乎喘不過氣來。他和學員們踉蹌的向後退了一步，又掙扎著前進。

雷厲下令停止前進，叫他們坐下，海浪沖過來，他們的脚被舉到空中，好像在踢足球。

教官們這時開始計時。

一個正常人如果在冰水中浸泡十五分鐘以上，一定會凍死。可是，如果只是冷水，雖不一定會冷死，可是長時間泡在冷水中，那又冷又濕的感覺，也會使人發狂。

在冷水中泡久了，會產生「失溫」（Hypothermia）徵象。人體正常體溫經常維持在華氏九十八點六度，如果降到九三度，就會喪失記憶，說話會含糊不清；降到九十一度時，喪失情感而無動於衷；八十九度時會呈現痴呆，再下降到八十七度時，身體不再顫抖，心臟也可能停止跳動。

主辦訓練單位對這些資料非常重視，防止學員們泡在海水中產生「失溫」，規定水溫在華氏五十九度以下，不得超過十分鐘；六十至六十五度，不超過十五分鐘；六十五度以上，不超過二十分鐘。

今晚的水溫是六十三度，至少在七十五度以上才不會覺得難受，學員們最多只能在海水中停留十五分鐘，就得出水。休息五分鐘，讓身體暖和，體溫恢復正常。

現在海邊的氣溫已降到華氏七十度，海上吹來寒風，冷得讓人難受，可是學員們又要下海了。教官們並不是虐待狂。通過訓練的學員們成爲海豹隊一員後，可能會被派到韓國，在酷寒的海水中長泳，也可能派到阿拉斯加執行勤務。地獄週訓練，至少要讓學員們體會泡在冷水中的感受。

柯柏軍士是教官組夜班值勤教官，在這爲時五天的訓練中，他和其他教官都會找機會勸他們放棄受訓，增加學員心理上的壓力，內心中又希望他們不要自動退訓。這種演出他自己也覺得很累。柯柏是加州舊金山灣區人，今年三十二歲，瘦高個子，留著小鬍，加入海豹隊已有十年歷史。每天八小時，他要在學員面前演出暴君的角色。下班後，唯一想做的就是把自己癱倒在床上。

柯柏這時拿起擴音筒對學員們喊著：「先生們，仔細想一想，爲什麼要來受這種罪？」喬教官在一旁也用擴音筒湊熱鬧：「看看你的右面，再看看左面，可能星期六就看不到他們了。」

柯柏接著喊道：「想想看，你們上一次的工作還不壞吧？」

這時，地獄週訓練才開始，第一八三班學員的士氣還相當高。方才他們第一次「潛浪」，泡在海水中只有五分鐘。

現在浸在水中的查佩爾不斷發抖。他今年二十四歲，他想起自己原先是科羅拉多州一家專科學院的棒球選手，在球賽中不幸在外野和另一位球員相撞，把肩胛撞傷而退出球壇。他進海軍只有一年多。

十五分鐘過去了，柯柏命令學員們起立，向後轉，離開海水，學員們開始冷得發抖，草綠色軍便服和小帽都濕透了，從褲管中流出帶沙的海水，面色蒼白如紙，照明彈照亮了夜空。他們咬緊嘴唇，握緊拳頭，設法不發抖。

海軍值勤醫官湯瑪斯拿著手電筒，在學員行列中巡查，他照亮了學員的臉，查看有無「失溫」徵象：暫時失去記憶、說話不清楚、昏然想睡或是木然遠望。

他走到一位學員面前說道：「鐘、船和槳。你照樣說一遍。」

學員照樣說了一遍，牙齒冷得敲打出聲。

五分鐘休息一下子就過去了，學員覺得有如五秒鐘。

他們又被弄下海去。喬教官還在向他們喊話：「在這一星期中，你們天天都會又冷又濕。現在，笑一個讓我看看！」

學員們開始笑了。

「大聲一點！」

學員們像海狗似的叫了一陣。

「笑得越多，你們的體溫消失得越快！」喬教官狡猾的笑了。

學員們默不作聲的坐在海水中。

「我數到三，你們不要讓我看到。」喬教官下令了：「仰面躺下！」

學員仰面躺在海水中，全身濕透。

藍錫上尉不斷的鼓勵自己：「千萬不能放棄，沉住氣，忍一下就過去了，他們害不死我。」

「現在，翻過身來，肚子朝下！」喬教官又下令了。

學員們照做了。

十五分到了，學員從海水中走出來。湯瑪斯醫官又過來爲他們一個個的檢查一遍。

休息五分鐘之後，他們第三次下海。

雷厲又在一旁揶揄他們：「我這裏有熱的可可，還有溫暖的毛毯！」

一位學員從海水中掙脫左右和同學挽著的手臂，站起身來就向岸邊跑去，藍錫知道他實在忍受不住了，連忙脫身去抓他回來，可是已太晚了。

下午十點四十五分，第一位退訓學員出現了。

對於自願退訓的學員，訓練中心有一套規定，他要先後經過兩位教官的問話，時間各爲短短的兩分鐘和一分鐘，看他是否一時衝動，可能會回心轉意。然後就到值勤總教官面前做最後的問話。如果學員改變了退訓的主意，還可以有一次機會繼續受訓。倘若受不了苦而再次退出，就不必經過問話，自動退訓。

這位學員到了雷厲面前，已下定決心要退出訓練。

「會不會到明天早上起床時，你又後悔自己做錯了？」

「是的，可是還有五天，我實在撐不下去了。」學員渾身哆嗦著回答雷厲，幾乎流下眼淚。

「你能確定自己要退訓嗎？」雷厲追問了一句。

學員沉默了片刻，兩臂貼著褲管，低著頭顫抖著回答：「是的。」

「好罷！回到營房去！」

學員們有時也會回心轉意的。如果十分鐘過去了沒有反應，那就不會回來了。

學員中約有百分之二十尚未決定自己要不要成爲海豹隊的一員，他們也會最先遭到淘汰。軍人在作戰時，也不允許怕冷而退出戰鬥。

接著有一位學員因爲大量出血亦退訓了，他是一位軍官。隨後又接二連三的，一共有五位學員自動退訓。不是好現象。教官開始擔心了，平常至少到星期一晚上，才會有這麼多學員要退訓。學員們雖在盡力阻止同學退訓，但也無能爲力。

晚上十一點零五分，學員又從海水中走上海灘，現在只剩下五十二員了。湯瑪斯醫官第三次過來爲他們作檢查。柯柏要他們報數，學員們全身發抖，勉強報出自己的號數。

十一點十分，喬教官還要學員準備下水，他們把手臂互相挽起，靠緊身子。這時，又有一位學員請求自動退出。可是，當學員們走近海邊，喬教官吹響了哨子，他們怔了一下，眼睛瞪著他，原來是要他們做哨子演練。響一聲，伏身沙灘，兩手護頭，兩腿交叉。響兩聲，匍匐前進。響三聲，起立。學員們做過演練，身體暖和多了。

地獄週開始不過兩小時，已有六位退訓。剩下的五十一位學員，兩眼無光，呆呆的望著海洋，空中的照明彈，照亮了他們鬼怪似的身影。

喬教官這時又下令學員們走進海水，但是這次只是嚇嚇他們，看看還有沒有請求退訓的。

他走到一位看起來似乎有問題的學員面前問道：「你想退訓嗎？」

「我才不會呢！」

空中的照明彈熄滅了，喬教官吹出兩響哨音。學員們跟在他身後，匍匐前進，爬上海灘，一直到營房門口，門前排列著一行橡皮艇。每組五到七位學員分配一具，訓練中途有人退訓時，再另行編組。

喬教官先要他們做哨子演練，他越吹越快，弄得學員們七葷八素，無法正確動作，然後就罰他們做伏地挺身。海豹訓練中所做的與一般不同，他們雙脚不著地，而是掛在橡皮艇的邊緣，比平地約高出一呎半，全身重量都壓在雙肩和兩臂上。

做完二十五個伏地挺身，再做哨子演練，喬教官還是不滿意，又罰他們做「舉艇」。先把小艇舉到頭頂，然後雙臂同時向上將橡皮艇舉起，艇上有救生背心和划水用的槳。

做完了二十五次舉艇，已是晚上十一點半，地獄週訓練已開訓三小時。哨子演練停止了，內務檢查就將開始。

訓練中心為學員們專門準備了一間寬敞的營房，每人一具可摺疊的單人床，還有一個香腸包的衣物。此外一無所有，稱得上清潔溜溜。

訓練單位檢查的重點是藥物和食物。除了醫官開給他們的抗生素和止痛藥之外，學員不准自己私帶藥物，也不准私藏食物。檢查進行時，學員留在營房外面。

教官們把一部分單人床翻過來檢查，香腸包的衣服也會被倒出來搜查。雷厲上尉還在營房外面警告學員：「如果有誰藏起藥物或食物，趕快說出來，要是查到了，全體一起受罰。」

他走到藍錫和他橡皮艇的組員面前大聲質問著他：「藍錫上尉，你把藥和食物藏在哪裏？」

藍錫上尉也大聲的回答他：「沒有，教官。」

雷厲不由分說，先罰他們做五十下伏地挺身。

做完伏地挺身，學員們照例大聲喊出：「好啊！雷厲教官！」

檢查結果，發現一管止痛藥和一盒蘇打餅乾，餅乾是雷厲有意放在藍錫鋪位誣害他的。這樣做太不近人情，可是作戰本來就是不近人情的事。

雷厲表示滿意的宣佈檢查結果，藍錫上尉聽得目瞪口呆。然後他告訴大家，「浪刑」又要開始了。

四月十二日星期日，午夜

雷厲教官又提到「浪刑」，其實是騙學員的。不過，學員所面臨的訓練更難過。他們現在列隊在橡皮艇旁，又睏又冷，教官釘得很緊，看見他們略有睡意，就叫他們做伏地挺身。

夜班值勤教官卡西迪上尉，身材高大健壯，穿一件緊繃在身上的「T」衫，胸部和兩條胳膀上的肌肉隆起，頭上的便帽低低的壓在眉毛上。他面貌端正，沉默寡言。他正翻閱訓練日記，面無表情的查看著已退訓的學員資料。

基本訓練教官雖然每天要工作十二小時，比起海豹隊作戰單位還算較輕鬆的。在訓練中心工作每天可以回家，不必像在作戰單位，一年中有半年時間都在海上，而且，還可以在夜間進修未完成的學分。卡西迪上尉每晚都可以回家與妻子共餐，然後還有時間補修有機化學，以便完成醫預科的課程。

另一位夜班教官泰勒，身材短粗。他拿起擴音筒對學員喊道：「各位先生，熱可可和甜甜圈都在救護車裏。」他扮演著「東京玫瑰」，目的在瓦解學員們的士氣。

泰勒給學員三分鐘，穿上救生背心，綁好腰帶和腿帶，再來歸隊。他們的手已凍僵而不聽使喚，全靠「泳伴」彼此幫忙，才能很快穿好，回到教官面前列隊。但是，已超過五分鐘，他們的救生背心上亮著綠色化學小燈，在夜間彼此容易發現。

泰勒罰他們「舉艇」，把橡皮艇高舉過頭，放低再舉，然後又受一次「浪刑」。這次，教官把卡車停在海邊近海處，用頭燈照亮了海灘，學員們在海水中浸泡了十五分鐘後才出來，又要他們在二十秒內穿上救生背心。沒有人能做到。這次卻無處罰；學員又列隊回到營房。

接著要做的又是一項痛苦的操練，他們要從訓練中心越過銀岸公路，走到海軍兩棲作戰基地，那裏有許多不同的兩棲登陸船艇與海豹隊用的小舟。從中心到基地餐廳，學員們在地獄週用餐的地方，約一哩多；再從餐廳到兩棲作戰中心，不繞路，至少也有二哩半。

學員們覺得痛苦的不是走路，而是頭上頂著的橡皮艇。他們要用頭頂起重約一百五十磅，內裝救生背心和木槳的橡皮艇。

基本訓練中，學員們已受過特殊的頭部訓練，使他們能承受頭頂上的重量。而且，因爲一組六位學員的身高不等，高的學員比矮的更受罪，尤其在行進中，橡皮艇不停的上下彈動，敲得腦殼都會發痛。在前面和後面的學員負荷更大，而且爲了配合教官的要求，行進間後面的艇頭和前面的艇尾必須保持一定距離。行進的速度如果發生變動，前面和後面的學員就會更吃力，頂上的重量一改變，彈動的頻率亦會隨而增加。再說，六個人一組，脚步大小很難一致，有人會絆到脚，有人會踩空，或因前面突然止步，後面就會向前撞成一團。他們列隊走在路上，像一支跛脚的螃蟹隊伍。

當他們頂著橡皮艇，列隊向兩棲作戰基地行進時，前面由一輛裝著紅色閃光燈的卡車開道，學員由泰勒率領，走在卡車後面，隊伍最後跟著一輛救護車。

橡皮艇的行列時而拉長，時而縮短，像手風琴似的，全憑泰勒的步伐來決定。他時快時慢，卻要學員保持兩艇間很小的距離。有時，他也會故意停止前進，後面就會亂上好一陣子。

下面的科目稱爲「蘇格蘭慢跑」，由葛雷夫教官先作一番講解。他今年三十歲，來自佛羅里達州，也在修醫預科的學分，希望將來能做軍醫。他說話帶著南方口音。

「蘇格蘭慢跑」是分組競賽，每具橡皮艇由一組學員參加，先將橡皮艇從一個直昇機降落場拖著穿越道路，經過岸邊的陡坡，拖下海去，登上橡皮艇，划出海二百五十碼，跳入海中，把橡皮艇翻個身，表示將艇中積水倒出去，然後把艇扶正，跳上去再划回海邊出發點。這時聖地牙哥灣的海水約較太平洋暖七度，可是地面的氣溫卻下降到華氏七十度以下，出水後，學員一定會更冷，教官會讓他們跑步回直昇機降落場，然後穿著救生背心，只把腰帶繫緊，以便在陸地上活動。

每人拿起一隻木槳，跑半哩路，到了對面的透納機場，把木槳丟進卡西迪教官的卡車裏，然後繞機場跑一圈，回到出發地點。

這次要做海上活動，先把救生背心的帶子由腰間解開，勒住大腿，六人一組坐在水中，背向外海，排成一行縱隊，後面的學員用兩腿夾住前面學員的腰，像一條蜈蚣似的，仰泳出海。用手划水游出三十碼，然後左轉向南游過四百碼，轉向岸邊游回來，爬上一堆亂石和陡坡，來到公路旁，再跑六百碼，到了泰勒教官駕駛的卡車，取出木槳爬下陡坡，跑回海邊，每組學員再次前後聯結，仰泳回到原先海邊的直昇機降落場。

學員們跑到卡西迪的卡車旁邊，已經氣喘如牛，看他們接近時，他還故意把卡車往前慢開一段路，學員們只有快步趕上，才能把木槳丟到車裏，等到最後一位學員把木槳丟進卡車後，卡西迪一把抓住他當俘虜，同時用手摀住他的嘴，不讓他出聲，目的在測驗這一組學員的警覺性。過了一會，學員們果然發覺少了一位組員，才跑回來把他帶走。

泰勒教官年方三十，加入海豹隊已有九年，他對學員要求較嚴，注重訓練進度。現在他在另一部卡車上，等著學員們在一小時後前來取回木槳。

海豹訓練隊一向重視組員合作。團隊精神要有不以自我爲中心的組員，才能充分發揮。組員中各人體力不盡相同，都要照顧體力最弱的組員。海豹隊從來不會放棄戰地傷亡的同志，這正是他們的傳統。

當學員們上氣不接下氣的跑到他卡車前取槳時，他對那些發生爭執，或是不合作的學員記下名字，有機會就會先淘汰他們。

領先各組學員，最快跑到終點來取槳的正是藍錫這組。他們默默無聲的拿到木槳，臉上的表情都很堅決，藍錫竟然勉強的擠出一絲微笑。

泰勒教官也感動了。最先到達的小組學員總是堅定不移的。藍錫上尉年紀雖已不小，卻很有種，也夠固執。他是出色的學員隊隊長，同學有了疏失，他會毫不留情而立刻糾正。學員們對他也很尊重。

「我們終於——得勝了。」藍錫小組的一位希臘籍學員哈江吐紐不禁喘呼呼的叫了起來。他是希臘海軍資深士官長。如同特戰部隊，美國海軍也訓練盟國海軍人員。教官們雖曾私下表示，地獄週訓練本身已夠多采多姿，再加入語言不通，對美國海軍傳統欠缺了解的外國學員，會增加不少麻煩，但不能改變既定的方針。

藍錫在「蘇格蘭短跑」中獲勝，卻只贏得寶貴的三分鐘休息。等到最後一組到達，教官就罰他們做艇邊「伏地挺身」，規定雙脚要掛在橡皮艇的邊緣。

泰勒又拿起擴音筒，向學員們喊話：「剛才我和教官們談話，他們告訴我有人偷機取巧，提早轉彎！」

實際上並無此事，教官藉故要試試學員，對再來一次「蘇格蘭慢跑」有什麼反應。泰勒又罰學員做「舉艇操演」，連藍錫這組也不能倖免。然後他向學員宣稱：「要把這個科目做好，只有從頭再來一遍。到海邊去！」

再來一遍至少要一小時，學員們已經筋疲力盡，聽完泰勒的話，只好垂頭喪氣的走向海灘。將近半夜四點，做到一半，教官就叫停了。

學員中並無一人自動退訓，大家都咬緊牙關準備過關。

教官又把學員們集合在透納機場中央，先用冷冰噴他們，然後做口哨操練，學員們又冷又睏，但是仍無一人甘心退訓。這時，醫官和醫護人員忙著爲他們檢查，唯恐他們身體支持不住。他們在飲水器前排隊喝水，同時也喝下一杯藥水，預防脫水。

四月十三日星期一，上午四點。

好不容易過了一關，緊接著的科目是基地漫步。半夜裏在空曠的基地行進，教官在前面領路，時快時慢，已經夠苦了，加上頭頂橡皮艇，走上一個半小時，眞不是滋味。科目取名漫步，也太缺德了。

葛雷夫教官在前領隊，他身高腿長，一步跨出去有五呎長，脚步又快，學員們頭頂橡皮艇很吃力的跟在後面。走過三條路口，葛雷夫停了下來宣稱：「爆炸物處理第三機動小組」，這是掛在一幢房屋前的牌示，學員們跟著大聲重述了一遍，教官要他們記住，以後訓練中會用得上。

第二幢房屋要再走過四條路口，教官叫學員輕聲點跟著他唸：「第一兩棲工兵營單身軍官宿舍」。因爲住在裏面的軍官時常抱怨，半夜被這些受訓的學員吵醒。

再向前走，學員跟著教官一一喊出不同的所在：海軍兩棲基地洗車場、太平洋艦隊海上部隊司令部、兩棲基地大門。

學員們呻吟著，頭頸都在作痛，教官的脚步又大又快，他們要跑步才跟得上。頂著橡皮艇的行列，像手風琴似的拉長了，教官只要一停步，後面來不及減速，就衝向前方，大家擠成一堆，有的絆住摔一跤，有的互相埋怨。大家一臉痛苦的表情。

五點半了，教官在學員們走到透納機場旁邊的球場時，才叫隊伍停止前進。學員們汗流如注，卻沒有自動請求退出的。葛雷夫覺得相當滿意，但是還沒有到告訴他們的時候。

過了不久，他又命學員做舉艇。這次不同了，當學員們做過幾次舉上放下之後，他在要放下之前，叫學員不要動，看那一組支撐得最久。他們像舉重比賽似的，雙手向上伸直，托住橡皮艇。支持不住的小組就會受罰，繼續做舉艇操練。

「這眞是太莫名其妙了！」一位學員忍不住叫了起來。

「還不到星期一就垮了。唉！」教官在擴音筒中嘆氣，並且故意把日子講錯了，讓學員覺得地獄週更長。

教官開始在學員行列中巡視，人在太疲倦的時候，站著也會睡著的。他用手電筒照在一位學員的臉上，看見他正在揉眼睛：「好哇！讓我抓到了一個。」然後他接著說：「眞正作戰時，往往會因爲一人犯錯而害了大家。」他於是命學員做一節哨子操練。

海豹隊對戰友的傷亡有不同的看法。他們認爲戰爭中的犧牲不是不可避免的，多數是人爲的錯誤。少數組員的錯誤，會影響整個小組的成敗。

六點整，天方破曉，操演停止了。學員們要走過三條路口到餐廳用膳。頭上仍然頂著橡皮艇。

地獄週開訓九小時以來，這是第一次用餐。他們一天吃四頓：早、中、晚餐和夜點。伙食非常豐富，含有充分的蛋白質、碳水化合物和脂肪。教官鼓勵他們多吃，食物中的營養可以補充體力，對缺乏睡眠有益，並能增加體溫。

學員們已經餓壞了，餐盤裏的食物堆得高高的，炒蛋、圓餅、香腸、培根、麥片，飲料有牛乳、咖啡和可可。卡西迪教官坐在餐廳後面，眼看著學員們狼吞虎嚥，吃得不亦樂乎，自己雖然也累了，不覺也露出一絲微笑。

他看見藍錫正坐下來用早餐，臉色不大好看，眼睛瞪著遠處，似乎要崩潰的樣子。藍錫本人卻不覺得，他的脖子僵硬，脊椎骨疼痛，都是橡皮艇在他頭上彈動而引起的。他耳朵裏進去不少沙子，也影響了他的聽覺。有些學員的手已不太管用，因爲做了太久的舉艇動作。藍錫相信，地獄週的第一天能熬過去，以後就不成問題了，他從前幹爆炸物處理官時，工作壓力也很大。他現在把怨恨和憤怒都硬忍下去，一絲不苟的、全神貫注的接受訓練。

學員默不作聲的在用餐。談話是禁止的，這時候誰會有閒心說話，大家都在專心的吃喝。地獄週訓練開始的興奮早消失了，冷酷的現實擺在眼前，此後幾天的罪恐怕會更難受呢！

七點整，他們從餐廳列隊走出來，一頓飽餐並未給藍錫帶來多少活力，在身體和精神壓力沉重之下，能休息一下總是好的。學員們把救生背心從頭上套下，列隊走出兩棲基地，跨越銀岸公路，走回營房。

在營房大門附近，正好遇見一八二班學員列隊通過，他們已完成地獄週訓練。在他們便服裏穿的汗衫是草綠色的，與受訓中學員所穿的白色汗衫不同，表示他們是已從地獄中走出來的老大哥。

「好呀！一八三班！」一八二班學員齊聲吼叫起來，同時一手握拳高舉過頭，表示團結一致。

「好呀！」一八三班學員也吼著回應他們的學長，可是，聲音沒有那麼雄壯。

在二樓的陽台上，站著五、六位退訓的學員，他們偷瞄著同學們列隊在眼下通過，然後很快的低著頭走進他們的房間。

四月十三日星期一，上午七點三十分

卡西迪教官在營房中，將夜班值勤經過記載在地獄週日記內，交給接班的歐思華上尉。他是今天的值日教官，原先體重達二百五十五磅，曾是海軍官校美式足球隊的中鋒，現在已減到二百磅。他在一艘掃雷艦上服役四年後，決定加入海豹隊，過去四年來的生活，比在海上尋覓水雷有意義多了。

歐思華教官今年三十一歲，華盛頓州北陵罕人，六個月前才調來擔任海豹訓練教官。他為人隨和，時常笑臉迎人。他平時用心督導，注意進度和安全，與教官們相處融洽，很少對學員大聲叫喊或是威脅他們。

他手下的三位教官就大不相同了，紀可是值班士官長，今年也是三十一歲，來自南卡羅林那州，十一年來海豹隊的生活，鍛練出一身堅強健壯的肌肉。

麥卡西教官看上去文雅多了，頭髮白得比較早，其實只有三十一歲。比起紀可，他身材短小而帶些書卷氣，但是對學員卻很嚴格，緊迫釘人，毫不放鬆。他們爲他取了個外號叫「反耶穌」。他是海軍資深士官長，兼任訓練班醫護員。每次由他接班之後的八小時，學員難得片刻休息。縱然在休息中，如果遇見其他班次的學員走過來，他也會立刻叫他自己的學員做伏地挺身。

第三位教官名叫巴拉，今年三十三歲，夏威夷人，在海豹隊已有十五年之久。他的專長是心理作戰，用麥克風向敵人喊話。他也有一個外號，叫做「伊凡」。

從海浪中走出來的學員們，衣褲還是濕的。他們跑步回到營房前列隊，巴拉爲他們介紹麥卡西和紀可。他拿起擴音筒喊道：「大家注意，現在爲你們介紹兩位教官，紀溫柔和麥好人。」

紀可和麥卡西兩手放在腰後，兩腿分開，紋風不動，筆挺的站著，臉上表情嚴肅。時間是早上八點，訓練又該開始了。

紀可下令學員做哨子操練，趴下、站起、爬行，當做暖身運動，然後要他們頂起橡皮艇向海邊走去。

特戰中心前面的海邊，有一道用沙土築成的堤，高約三十呎，他要學員們在沙堤旁上下走動，麥卡西在旁邊還用鏟子將沙倒入橡皮艇，學員頭頂上的重量亦增加了。上下四次之後，紀可才叫停。

接著麥卡西要他們做「糖粉餅乾」操練，那是將「浪刑」和「哨子操練」合而爲一的科目。

學員全身上下沾滿了海沙，然後要在十五分鐘內跑完四哩路，所幸這次不必頭頂橡皮艇了。

他們的腿在上下沙堤後已經累得和橡皮一般，吃不上力，沙子在他們潮濕的衣褲裏沙紙似的磨擦著皮膚，很不舒服。

麥卡西駕著一部救護車跟在隊伍後面，隨時注意學員的情況。有時還會找話刺激他們。他對跑在最後一組的學員喊道：「盡你的全力向前跑，不要管你的小組啦！」同時，他也發現出了問題。

小組長華爾希少尉，芝加哥來的二十六歲學員，跑起來脚一拐一跛的，顯然是有問題。可是，他仍舊咬著牙，用手拉著右腿向前跑。他臉上滿佈汗水和海沙，瞇著眼掙扎著繼續向前跑。

這一組的學員或前或後的在保護他，圍繞著他們的組長向前跑。麥卡西知道他們對華爾希組長很敬重愛護，自己也很感動。他把救護車開回出發點，向歐思華報告。

「究竟是什麼問題？」歐思華上尉問麥卡西。

「我看他是大腿骨肌腱受傷。」

肌腱受傷屬於肌肉方面，與骨骼無關，他如果得到醫官許可，自己堅持也可勉強拖到結訓。可是，一切要等待做過檢查才能決定。

華爾希這組終於支持到終點，紀可又命他們走進海浪。這時，華爾希少尉需要兩位組員攙扶著行走。大家走出海浪之後，麥卡西把華爾希抬到救護車旁，歐思華上尉站在麥卡西身後，看著他為華爾希做檢查。

華爾希少尉在地獄週開始前的最後一次跑步中，右腿已感不適，他卻一直隱忍著未告訴醫官。現在麥卡西教官發覺他的腿骨可能有問題，需要送回營房求醫診治。

華爾希一直懇求教官讓他繼續受訓，麥卡西警告他，再這樣下去，可能終身殘廢。他只好坐上他的救護車去找醫官。

醫官發現他的右腿骨有碎裂現象，立刻要他住院治療。華爾希少尉從此離開了一八三班同學。

四月十三日星期一，下午六點十五分

訓練中心主任李察上校站在卡車後面，看著半裸的學員們在海灘上冷得發抖。他們在兩小時前才換上乾的衣服，也吃飽了肚子，舒服了不久，又被趕下海去。學員想起了冰冷的海水，就會十分痛苦。李察上校當年在地獄週受訓時，就曾看到有同學在此時自動退訓。

學員們現在列隊接受身體檢查，醫官對每位學員細心察看，有無受傷或生病的。也有學員就此被退訓。

李察上校看到的訓練報告中，已有十四人因傷退訓或自動退訓。那天下午，又有一位學員在做圓木體操時出血。所謂圓木體操，就是用一根電線桿似的圓形長木，當一排學員做仰臥起坐時，橫壓在他們腹部，或是要學員們將圓木由左肩高舉過頭，再放到右肩。

藍錫上尉的五位組員已有一位退訓，只剩下四人，所以做起圓木運動也更費力了。

李察上校喜歡在醫官做檢查時來看學員，他可以親眼看到受訓中，學員在身體上所付出的代價，同時也可以乘機查問教官訓練進度和反應。

他把雷厲教官叫過來問道：「你把那十四個學員弄到哪裏去啦？」顯然他不願意這麼快就損失了這麼多學員。

雷厲有點緊張的向上校說明，或許因爲海水太冷。

李察上校立刻反駁他的說法：「學生們心裏都以爲海水很冷，其實冬天比現在更冷，這不過是他們的心理作用，以後減少一些在海水裏的時間就好啦！」。

至於如何減少那是雷厲的事，因爲他已授權給雷厲而不便再多加干預。

海豹訓練中心的醫護單位成立於一九七〇年，李察上校當年還是基本水底爆破班學員，通過地獄週訓練時，就曾有過一段往事。他因爲腿部受傷發腫，醫護兵卻認爲他裝病，不予理會。結果不到一天，醫官必須爲他的腫脚開刀清除膿血，他患的是細胞性潰瘍，是皮膚和下面的纖維發炎，因爲肌肉破裂的傷口發炎而引起的。後來害得他留到下一班才完成訓練。

在海豹訓練期間，通常發生的受傷情形約有三種：第一種是最普遍的肌腱炎，由於不停的跑步運動，肌肉和骨頭時常磨擦，上股通過膝蓋和小腿相連的筋（韌帶）就會發炎。這種病只要休養三天，走路用拐杖就可復原，不必退訓。

第二種是膝蓋骨下面的軟骨發炎，也相當普遍，休養和止痛藥可以治好，不過也有病情較嚴重的會留到下一班受訓或退訓。

最後一種是壓迫骨碎，由於經常在鬆軟的沙土中跑步，會使腿骨輕微碎裂，用X光透視是看不到的。學員繼續受訓四至六週，就會時感腿痛，等到X光透視發現腿骨確有碎裂，學員已痛得無法忍受，只有送醫院診治，等他復原後再說。

此外，由於運動過度使學員抵抗力減低，易於感染其他疾病，如肺炎和皮膚發炎。

醫官費林上尉用聽筒細心的爲學員檢查心肺，也會用手摸他們的膝蓋，溫和的查問有無不適。但是學員們都表示自己沒問題，唯恐被留到下一班。醫官只好像偵探似的去找出毛病。

一位由德州來的學員，名叫史璜生，今年二十四歲，他努力掩飾自己的腿痛，吃力的走到醫官面前接受檢查。柯柏教官在一旁向醫官示意，他的膝蓋可能已受傷。

費林醫官向史璜生查問，可是他不肯承認。醫官讓他仰面躺在卡車尾部，用手徹底的按摩他的膝蓋，史璜生咬牙忍痛，等到觸著痛處，他不禁大叫一聲。

醫官知道他的肌腱韌帶發炎，要他休息三天，他卻不願留到下一班再訓。醫官只好讓他繼續受訓，因爲傷勢還不致惡化到永久殘障的程度，就開了八百毫克的高單位止痛藥給他。他當場服下一份，覺得自己可以過關。

費林醫官卻認爲他熬不過今晚，就會打電話來求助。

四月十三日星期一，午夜

學員們列隊走出餐廳，佝僂著身軀，總是提不起精神，他們實在太累了。有的鞋後跟快掉了，也有的肩膀由於扛橡皮艇太久而腫了起來。用餐之前，他們才完成四哩游泳和跑步。又有一位同學因爲股骨的四頭肌拉傷而退訓。學員們這時頗像職業橄欖球員，儘可能不要受傷，不然就會影響自己的前途。

夜班教官已經接班了，卡西迪和其他教官對學員大聲吼叫，下達命令。學員們實在太疲倦也不知道害怕了，他們的反應顯然變得很遲鈍。

卡西迪要學員舉艇過頭，他們的手臂已僵硬了，有的支持不住，橡皮艇就掉在停車場上。他又罰他們做伏地挺身，兩脚掛在艇邊，雙手撐在地上，背已挺不起來，只有兩肘在吃力的伸縮著。

教官也知道他們的體力快耗盡了，就換了個訓練科目，叫做「泡水實驗」。他把學員們帶到一個小型碼頭，那裏停泊著一些小船和駁船。假設他們未帶救生背心，要用自己的衣褲做一個浮筒，使自己浮在水面。

學員們又被弄到海水裏，這科目不需多少體力，但要不怕冷和耐凍。這三小時也就夠受的了。他們要先跳入海水，脫去靴子和襪子，然後爬上鐵製的船塢，襪子塞在靴子裏，靴帶拴在一起，掛在頸子上。船塢上事先噴過涼水，他們哆嗦著躺在上面，脫去襯衣，然後在海水中把衣袖和領口束緊，鈕扣扣上，吹氣使它膨脹。做完之後，再爬上船塢，把襯衣放在自己身旁。接著是用褲子做浮筒。在水中把褲管束緊，拉鍊拉上，吹氣使它鼓脹。再爬上船塢，也把褲子放在身旁。

兩位醫官就在船塢上值勤，隨時用手電筒查看學員的臉，以便防治「失溫」。卻並無發現。

等大家都上了船塢，身上只剩下一條內褲，躺在冰冷的船塢上，冷得發抖。

泰勒教官等卡西迪教官把學員的衣褲集中在一起後，向學員喊話：「現在是半夜兩點，我給你們五分鐘，大家如果能把衣褲穿好，馬上就解散！」

學員們在一堆衣褲中拚命找自己的，八分鐘過去了，學員們還在著裝。

泰勒又命學員重做一遍「泡水實驗」，這次他們是穿著衣褲下水的。可是，過了幾分鐘，他就叫他們出水，不再繼續。然後又給他們五分鐘時間，脫去衣褲。

教官一面用冷水噴他們，一面還說些刺激的話：「只要有一個自動退訓，大家都不會再受凍了。」

可是，一個也沒有。教官有點納悶了。平常在這個時候，總會有個把學員受不了而自動退訓的。

藍錫上尉和其他兩位學員衣褲脫得最快，教官又叫他們穿回濕透的衣褲，這也算是獎勵，太諷刺了。

風起水寒，快到午夜三點了，泰勒教官下令要學員在七分半鐘著裝。他們手已凍僵，全身顫慄，總算按時穿上衣褲，藍錫上尉發覺自己手臂要伸直，才能起步走，很像電影中的科學怪人。

他們在基地頂著橡皮艇走了一圈，等血液循環恢復正常後，又列隊大海游泳，在水溫華氏六十一度的海水中折騰了兩小時，又有兩位學員支持不住自動退訓，學員減到四十一人。

五點二十五分，學員才准回營房，洗澡更衣，換上乾的鞋襪。五分鐘後，他們又從營房中走出來列隊，藍錫上尉的兩位組員，走起路來像企鵝似的，他們一輩子也沒有受過這麼久的凍。藍錫也記不清今天是星期幾，他的記憶力好像也凍結了。

四月十四日星期二，上午六點三十分

史維哲少尉坐在餐廳桌旁，手裏捧著一杯滾燙的開水。他年方二十三歲，北加州人，洛杉磯加州大學畢業後，加入海軍。華爾希少尉腿傷退訓後，他接任了組長。這時他雙手緊握住瓷杯，讓熱氣傳到他粗糙而凍僵了的手指。他凝視著杯子一語不發，幾分鐘後，才慢慢的啜了一口熱水，讓體內暖和一些。

學員們坐在餐廳長桌前，用力的不讓眼皮垂下來，他們實在太想睡了。凍僵了的雙手又不聽使喚，刀叉都抓不緊。頸子疼痛不已，需要時常轉動，才能讓血液正常循環。

藍錫上尉拉出緊靠史維哲身旁的椅子，把餐盤放在長桌上，坐下用餐。對他來說，地獄週越來越難過了。止痛藥對他的膝蓋已沒多大用處，港灣裏海水亦比昨天更冷，走到餐廳來的一又四分之一哩路更是受罪。他的忍耐力也在減低，有時恨不得搶過教官用來噴他們的水管，回報教官。

他一面用餐，一面想起幾天來不愉快的事，眼皮又垂了下來，他幾乎要睡著了。他看看身旁的史維哲少尉，他的下巴靠在手中的瓷杯上，正在打呼。

用過早餐，學員們在餐廳外面列隊，準備抬橡皮艇時，一八二班學員亦在這時跑到餐廳，他們大聲喊著：「一八三班好呀！」向他們致意。可是一八三班學員只用雙眼瞪著他們，一言未發。還有一位學員把早餐吐了一地，同學們正在幫他清除。

一位學員走到藍錫面前，低聲向他耳語：「我想我要退訓了。」

「爲什麼？」藍錫也輕聲問他。

「太冷了，我最恨的就是冷！」

「我也是。」

那位學員加重語氣的又講了一遍。藍錫覺得他有點怪，難道人家身旁的海水會比較暖嗎？他只好勸了他一句：「等到明天再說吧！」

學員一聲不響，轉身走開了。

今年二十六歲的看護兵包哲士，很不自然的走到葛雷夫教官面前，把褲管捲起來，向他訴說膝蓋很痛。教官用手指按住痛處，爲他檢查了一會，然後向他說：「你的膝蓋骨沒有問題，回隊去吧！」

葛雷夫教官覺得他的膝蓋並未發炎，膝蓋發痛是普遍現象，不過因爲包哲士曾在醫院工作，見識較多，對病情亦比較敏感，時常還會自作診斷，所以退訓學員中，出身醫護的不在少數。教官卻希望他們都能完成訓練，海豹隊中一向缺乏醫護專長的隊員。

星期二晚上是在地獄週受訓學員的成敗關鍵，學員熬得過今晚，就不會有自動退訓的了。可是白天訓練才開始，三位新接班的教官，紀可、麥卡錫和巴拉都是厲害人物。

紀可先讓學員做哨子操練，起立、伏下、爬行。然後做上三十分鐘的艇邊伏地挺身和跑沙堤，才開始新科目「小艇衝浪」。

學員要將橡皮艇划出防波堤，然後沿海向南划到一處爆破坑再上岸。今天碧空無雲，風卻不小，浪也很大，又逢早晨漲潮時間，划到防波堤外去眞是件難事。

學員們划不了多遠，就有橡皮艇被大浪打翻了。學員在海浪中掙扎著爬上橡皮艇，又被浪打下來。他們只好把艇拖回海灘，巴拉卻不讓他們休息，又把他們趕回小艇，向防波堤划去。

海豹隊員把海浪區分爲三種，第一種是小浪，只要大家齊心合力快一點划，就通過了。第二種是上舉浪，它會把橡皮艇高高舉起，重重摔下，艇內還會進水。坐在艇前的兩位划艇手要特別注意，看到上舉浪接近艇首，就得把槳插進浪裏用力划，讓小艇越過浪頭，不致一頭栽到浪裏，弄得全艇都是水。第三種稱爲下捲浪，就像衝浪運動的人時常遇到的，高高捲起，形狀像隧道似的，兜頭打下來，小艇很容易翻覆，所以舵手要設法及早避開，通常舵手都由小組長擔任。

好不容易，七條橡皮艇終於划出防波堤，向南方一哩半的爆破坑划去。

爆破坑其實只是一個泥水坑，長約一百呎，深約二十五呎。坑內築有十來個小坑，教官用來丟擲手榴彈和演習用爆炸物。坑頂週圍環繞著鐵絲網，進口和出口也設有障礙物。今天的訓練科目是在泥坑裏打滾、跑步、做伏地挺身和哨子運動，外加翻觔斗和車輪滾。

學員們在教官的口令下不停的運動，在泥水中掙扎，教官又把擴音器的音量隨時變換，發出刺耳的噪音，好像置身露天搖滾樂大會。可是，使學員最難受的是在泥水中坐著，閉目養神而不准入睡。

教官們其實是在訓練他們偷睡的本領。在實際作戰中，他們可能被派到世界各地，先坐上十幾小時的運兵飛機，噪音太大很難入睡。跳傘下去，就得準備立即作戰。有時，還會持續好幾天。

海豹隊隊員在森林伏擊戰中，時常在水中藏身數小時之久，所以要訓練他們隨時找機會休息。坐在水中冷得會哆嗦，但也可聽到打鼾的聲音。

十一點了，教官才把擴音器關掉，讓學員們好好的睡一會。

在爆破坑外面的公路上，歐思華教官發現一位中年人，站在那裏用望遠鏡向這裏看，他走過去查問，原來是一位學員的父親，他專程開車來看看他兒子受訓的實況，但是他不肯告訴教官他兒子的名字。歐思華知道他是在保護兒子，也未追問，只笑了一笑就走回來了。

四月十四日星期二，下午五點四十五分

學員們擠在樓下一間小教室裏聽課，課題是「岩礁登陸」。教室中充滿了怪味，那是學員身上的汗味，摻雜著軍便服長時間泡著海水後散發出的氣味，還有尿味。

古柏教官站得遠遠的，爲學員們講解這危險度很高的科目。海豹隊隊員必須學會在任何地點登陸，包括地形險惡的岩礁，在海浪衝擊之下，橡皮艇很容易被甩到岩礁上，弄得乘員皮破骨碎。尤其在夜間，也是海豹隊行動的唯一時刻。岩礁登陸的危險性更大，夜黑風高，浪潮拍岸，橡皮艇快速的被沖向岩礁，乘員猶如置身高空飛車，必須反應靈敏、行動得宜，方能化險爲夷。

在面海的德爾旅館前面，有一塊高約三十呎的岩石，伸出海岸約七十五呎。岩下海邊就是演練「岩礁登陸」的地點。前一個月在演練中，就有三位學員受傷，一位碰斷肋骨，一位膝韌帶裂傷，還有一位扭傷了足踝。

學員們注意聆聽教官講解演練中教官在岩礁的什麼位置，用不同的信號和手電筒指示划艇接近岩礁、搶灘或放棄登陸的時機，以及值勤醫官的位置。

學員人數現已減少到四十位，午餐後又有一位學員退訓。因爲幾天來站得太久了，學員們到今天早上才准躺下身來休息。身體內分泌起了變化，導致關節腫脹，四肢更覺僵硬。快到下午七點了，學員們把綠色的化學螢光棒掛在小艇的兩旁，教官可以在黑夜裏看到他們的位置。

古柏教官在演練開始前，曾問過學員，但是沒有一人願意退訓的。他輕嘆了一聲，大聲吼道：

「準備妥當——划艇出發！」

一羣橡皮艇閃著綠光，開始向南緩進，目標是德爾旅館前的岩礁岩，約有一哩路。當艇隊接近岩礁北角時，夜幕低垂，橡皮艇上綠光在離岸數百碼外閃亮，教官已發出可以划近岩礁的訊號，橡皮艇卻遲遲不前，綠光移動得很慢。

這時橡皮艇上發生的事，連教官也被蒙在鼓裏，原來其他班上的學員，爲在地獄週受訓的同學，祕密送來糖食和餅乾。他們用密封的塑膠袋裝著食物，偷偷的游泳送過來，艇上的學員吃起來也特別香，他們的體力亦會增強。岩礁登陸是很費力的科目。

古柏和喬教官在岩礁上引導學員划艇過來，他二人一前一後，手上各拿一支手電筒，古柏的是紅色，喬的是綠色。這時有一艘橡皮艇快速的乘浪向喬教官站的地方接近，划槳的學員一隻脚放在艇外，一面用力的划水，以控制橡皮艇前進的方向。一片大浪把艇高高抬起，重重的摔下，碰上岩礁，又被第二波海浪沖到岩邊，在艇首的學員抓緊纜繩，很快的跳上濕而滑的岩礁，向上攀登。這個科目的要領是動作迅速，拿準時機，不能讓身後的橡皮艇撞到自己而碰上岩礁。橡皮艇重約一百五十磅，實際行動時加上武器和裝備就更重了，被它撞一下，碰上那鋸齒似的岩礁，很容易受傷。

艇首的學員登上岩礁時，划艇的學員們要拚命用力向前划，防止後面的海浪把登上岩礁的同學再沖下來。在岩礁上的學員把纜繩環腰纏緊，彎身將艇向前用力拉。這時，如果站直身子，準會被浪打翻，掉回海中。等他穩住脚步，艇後的一條纜繩才丟給他抓住，艇上的學員跳下艇來，涉水前行，把槳也丟到他身旁，就一個跟一個向上攀登。然後同心協力，大家要把橡皮艇從岩礁下面拉上來。當學員們和海浪掙扎著攀登岩礁時，手脚和膝蓋都掛了彩，弄得遍體鱗傷，費了很大力氣，才把橡皮艇拖上岩礁的頂端。

好不容易喘過一口氣，又要從岩礁的背面爬下去，雖然下面就是陸地，夜間卻隱藏了成千上萬的蚊子。弄得學員滿身都被蚊蚋包圍了。他們帶著橡皮艇小心爬下岩礁，一面不停的拍打著蚊子。

第一次演練「岩礁登陸」，由於夜黑風高，又無經驗，好幾艘橡皮艇，都在搶灘時被浪打翻；拉著艇首纜繩，首先登上岩礁的學員，有好幾位被後續的海浪捲了下來。教官很不滿意，要學員們划艇出海，再做一次。

做完第二次演練後，又有兩位學員不幸受傷而退訓，現在只剩下三十八位學員，藍錫上尉這一組最先完成登陸，翻越岩礁，到達德爾旅館前的廣場。

旅館前聚集了一堆看熱鬧的人，藍錫上尉的太太愛麗蓀背著他們的小男孩也混在人叢中，當海豹學員演練岩礁登陸時，她還記得藍錫曾經對她說過的演練概況，就向身旁的觀衆適時加以說明，也覺得很榮幸的告訴大家，她的丈夫正是參加演練中的一員。

當藍錫上尉帶著組員和橡皮艇走過廣場時，愛麗蓀走到人羣前面，對他丈夫笑著打了個招呼。藍錫看到她只輕聲講了一句話：「我很好。」當然這並不是眞話。可是，爲了不被教官發覺，他們都不敢作聲了。

住在旅館中的一對老夫婦，一直在聽愛麗蓀講話，看到這情景，老人走到她的身旁，塞了兩張二十元的美鈔給她，懇切的對他說：「我們希望等他結訓後，你請你先生出去吃一頓晚餐。」

愛麗蓀謝謝他倆的美意，不禁擦拭一下眼淚。

四月十四日星期二，午夜

在地獄週訓練過程中，學員們生理上發生許多怪事，藍錫上尉的眼睛似乎跟他開玩笑，有時突然會看到水晶般發亮的物體。他的組員葛林抬著橡皮艇行進時，腦子裏忽然變成一片空白，什麼都記不得了。他現在坐在餐桌前，面對口糧，想不起自己是怎樣進的餐廳。史維哲的大脚趾甲快掉了，脚在便靴裏發腫。查佩爾似乎在夢中，他已經被海水凍怕了，方才在泥水坑中，他一刻也不能睡，現在雖然不在海水裏，想起來也會心驚。

這批學員都被海水凍怕了，藍錫上尉聽到要下海，就會發抖，喝下一杯冷牛奶也一樣會打冷顫。

用餐時，教官並未禁止他們講話，大家開始輕聲的交談，說的話都很幼稚，多半是發牢騷，埋怨教官太苛酷。

一位教官走過來，把一張軍方出版的報紙塞到史維哲鼻子下面，要他唸給大家聽。標題是關於空中雷達偵測機的新聞。他唸出這種新型飛機的名稱，並且提到它的性能優越，目標小到和汽車一般大也會測得出來。

這單調的話題，學員們聽得昏昏欲睡。教官立刻要另一位學員接下去唸。唸過兩行，又換一位學員接著唸，這樣才使大家都不能睡。

喊到包哲士時，他用家鄉的土腔，結結巴巴的唸著，有時又把一個音節拖得長長的，逗得大家哄笑起來。

下一個訓練科目稱爲「環遊世界」，就是划著橡皮艇環繞幾處海灣。星期三上午一點，學員們在海軍兩棲基地的狐狸海灘登艇，向海灣西北划去，在連接科羅拉多和聖地牙哥的長橋下通過，續向西北，經過航空母艦碼頭，再繞北島的海軍航空站一周。教官們分佈在各要點監視，以防學員偷機取巧抄近路。

海水相當平靜，但是在學員心目中卻充滿怪物。

船上擔任值夜的水手在寂寞的夜晚就會有這種經驗，有如沙漠中常見到的海市蜃樓，學員們睡眼惺忪，有的看到印地安人禮拜的圖騰，從海中冒出來，有的看到橡皮艇上多了一輛汽車。也有看到美女向他走過來，藍錫的組員卻看到許多駕駛汽車的號誌，自然這些都是幻想。

四月十五日星期三，下午一點十五分

學員的第二次睡眠開始了。紀可教官仁慈的讓學員們慢步走到餐廳用餐，再慢慢走回營房。教官知道這時再對學員的體力施壓，已發生不了多大作用；很少教官會在星期三以後逼他們退訓的。以後的訓練，除了在心理方面續加干擾外，就是使學員不停的移動、受凍和保持清醒。

經過三天地獄週的苦難，藍錫上尉的組員都能摒棄己見，注重團隊精神，想法一致，很像成熟的海豹隊隊員。

現在他們在營房裏，靠在自己的床墊上，享受這難得的一小時四十五分鐘的睡眠。解開鞋帶和上衣鈕釦，彼此不發一聲，很快的都睡著了。有一位把腳伸在窗檻上，有的腿還在抽搐，也有突然驚醒，張大兩眼，轉過身來又酣睡起來。

一小時又四十五分很快的過去了。歐思華教官和值日班的教官們，拿起水槍向他們噴射冷水，把學員們弄醒，教官也小心提防，學員時常會從床墊上一躍而起，拳打腳踢，不能控制自己。

藍錫上尉覺得受騙了似的，他好像只睡了五分鐘。他從沉睡中驚起，就要立刻開始行動，他的腦子還未清醒，就發現自己站在營房前面，擴音器發出震耳的響聲，紀可教官對他耳朵吼道：「藍錫先生，報告學員人數！」

藍錫還在暈頭轉向，怎會知道現在還剩下多少同學。他隨便答道：「三十九位。」

大家跌跌撞撞的排好隊，報過數，才知道只剩三十八位了。藍錫多說了一位，教官又罰他們一同下海受海浪折磨。在海灘上，巴拉教官接著叫他們做體能運動，一小時後才回到營房，脫去衣褲，做第二次體檢。

醫官們在爲學員檢查時，訓練中心主任李察上校也在一旁觀看。學員縱有病痛也不願透露，就怕自己被迫退訓留到下一班再訓。醫官又無測量疼痛的儀器，全憑經驗和細心檢查。通常身體有痛苦，腦子最先有感覺，可是，一連幾天身體所受的折磨太多，腦子也變成痲木了。

包哲士的膝蓋又腫又痛，醫官診斷他是黏液囊炎，要他用抗生素。站太久了，人體的內分泌會起變化而形成水腫。戴特門身上起了許多紅疹，他卻瞞著醫官說不難過。

藍錫上尉的脚脫皮變成白色，膝蓋很痛，他都瞞過了醫官。史維哲喉頭發炎在服用盤尼西林藥片，可是使他疼痛難忍的是足踝肌腱炎，從膝蓋到足踝都會痛，醫官認爲還不致變成永久傷殘，只看他能否熬得過最後兩天。

四月十五日星期三，午夜

學員們在星期一天還未亮時，曾經做過「基地漫步」的科目，現在葛雷夫教官要他們做一個相關的新科目，稱爲「尋寶」，由教官說出一個與地點有關聯的謎題，讓學員猜謎底，然後頂著橡皮艇走到那地點，如果猜錯了就算白走一趟，再猜再走。錯的次數越多，走的路也越遠了。主要是測試學員的記憶力和機智。

泰勒教官給藍錫上尉出的謎題是「貝比」，他有一分鐘時間和他的組員討論。他們都以為基地電影院是正確謎底，因為前幾天曾放映美國棒球王貝比·魯斯的傳記片。他告訴了泰勒教官，教官微笑了一下就讓他們出發，自己開著卡車走了。

藍錫上尉和組員頂著橡皮艇走過五條街，好不容易走到電影院前，泰勒教官已在車旁等候，並且告訴他猜錯了。然後說出第二道謎題：「這一個好球未打中，再失誤兩球，你就三振出局了。」

藍錫和組員商量後，大家都猜透納機場棒球場。泰勒教官說：「好！我們就在那裏見面。」這次猜對了。泰勒教官給他們的第三個謎題是：「海軍到奧運之路。」

藍錫猜的是附近的田徑運動場，又猜對了。教官說出最後一個謎題：「微笑」，藍錫和組員商量之後，他告訴教官：「我們現在去牙科診所。」

「好吧！在那邊見。」泰勒說完話，就開著車走了。

學員們頂著橡皮艇，摸黑走過單身軍官宿舍時，藍錫叫組員把艇藏在草地上的樹叢後面，先休息一會。他自己衝上三樓，在他們從前住過的一間房裏，找到了他太太愛麗蓀。原來在地獄週開始前，他們就曾在這裏住過。事先就讓她住進來等他。

愛麗蓀早就在鎮上買了不少肉片和火腿，做了一堆三明治，還烘了一堆巧克力酥餅，分別裝在六個小塑膠袋裏。藍錫匆匆的敲門進來，只說了一句話：「把巧克力酥餅給我就好了，我得馬上就走。」話才說完，他已衝出門去，愛麗蓀還能聞到他身上散發出來的怪味，像一條被太陽曬乾了的魚。

藍錫下得樓來立刻把酥餅分給組員，大家把酥餅一個接一個的塞進嘴裏，連忙抬起橡皮艇，抄小路走到了牙科診所。

泰勒在車中已經等得不耐煩了，他責備的問學員：「你們都死到哪裏去了？」

「華勒的靴子裏有一塊大石子，我們只好等他把石子弄出來囉！」藍錫上尉一本正經的回答。

泰勒雖不相信，也莫可奈何，只好勉強讓他們過了關。

四月十六日星期四，上午七點三十分

史維哲拉起褲管，鬆開右脚上的靴帶，足踝腫痛得更厲害了。唯一不覺得脚痛的時刻，是當他頭頂橡皮艇行進，艇在他頭頂上下彈動的時候，因爲那時頭頸也很痛。他趴在沙灘上，一位同學小心的爲他脫下便靴。他的右腿自膝蓋以下都發腫了——是肌腱炎和水腫併發症。

值日班的麥卡西醫護士爲他檢查後，勸他把便靴穿上。歐思華教官在他身旁也爲他擔憂，他不願失去史維哲，從訓練開始，他一直是一位優秀的學員，將來也會是一位出色的海豹隊隊員。

下一個科目是攜艇翻越障礙物。巴拉教官向他們講解，特別強調團隊精神，大家必須齊心合力，才能行動一致。他們六人一組，頭頂橡皮艇，先要跳越橫在地上的半打電線桿，到達十二呎高的一道木牆前，把橡皮艇豎直，由一位學員踩著艇邊的纜環，攀到牆頂，把艇首的纜繩先丟下去，自己翻身躍下後，再用纜繩把艇拉過牆去。另一位學員騎在牆頂上幫著拉，下面的學員就合力的把艇向上推過牆後，才一起翻過牆去。

藍錫上尉這組學員雖已筋疲力盡，還是贏得了第一名。他們滿身是汗和沙，掙扎著到了終點，唯一的獎賞是准許他們在艇旁坐著休息，等後面的同學翻過障礙物前來。

四月十六日星期四，下午六點十五分

學員們脫去了身上的衣褲，列隊在營房中作第三次，也是最後一次體檢。他們上午做完翻越障礙物後，下午又做了帶艇爬行鑽過鐵絲網，並且又回到爆破坑的泥水裏，在模擬的砲火聲中演練。現在，他們已經不能單獨行動了，手脚都不聽使喚，不是勾肩搭背，就是要彼此攙扶，才能走動。

到這個時候，有病痛也不用再隱瞞了。紙包不住火，所有的病徵都表面化，醫官也不必費神去猜了。水泡已變成潰瘍，頸項和肩胛被橡皮艇摩擦成傷，睪丸也磨得發炎，發炎的傷口又發展成細胞炎，醫務組的工作是要弄清楚，這些學員能否再熬上一天，而不致使傷勢更趨嚴重。

包哲士的膝蓋已經發炎了，幸好只是在表皮上，要是碰到關節就麻煩了。他通過了檢查。戴特門的屁股上滿佈著紅疹。查佩爾的脚腫得要把便靴中的墊底拿掉，才好過一些。他以爲自己得恐水症，只要一想到水，他就會不寒而慄。

葛林要用止痛藥才能解除他膝蓋到小腿的疼痛，醫官並給他注射抗生素，怕他變成細胞炎。

藍錫上尉的大腿內側有一條傷口，脚亦腫了，脚趾痛起來似乎要掉下來，左小腿上的傷口已經發炎了。

史維哲要用右手拉著那隻腫痛的右腿，才能走動。傅林醫官讓他平躺在地板上，他的膝蓋很燙，脚已伸不直了，足踝亦不能轉動，顯然是肌腱炎。傅林沒想到他能支持這麼久。

傅林醫官走到營房的一角，與李察主任和雷厲教官會商，如果不把史維哲拉下來，他會併發細胞炎，後果嚴重。史維哲知道他們正在決定自己的命運，心跳也變得更快了。另一位叫艾倫的學員睪丸發炎腫大，病況危急。

雷厲示意，讓史維哲和艾倫走到他和李察主任跟前，然後平靜的告訴他倆：「你們兩個可以提早結訓。」然後解釋給他們聽：「每一班在地獄週受訓的學員，都會發生這種情形，我們不輕易放棄每位好學員，更希望他們成為一位好的海豹隊隊員。」地獄週只剩下一天了，他們一定願意堅持到底，那只會造成身體上的永久傷殘。

「回到你們的營房去吧！洗個淋浴。這兩天不許和同學聯絡。」李察主任對他倆作出指示。

史維哲站在蓮蓬頭下，讓熱水噴著身軀，他覺得洗淋浴似乎不如想像中舒服，他身上的創口在海水和泥沙中泡久了，現在卻感到陣陣刺痛，但是那熱水實在太棒了。

他覺得又悲又喜，悲的是未能撐到最後一天，喜的是他已經算過關了。

藍錫不知何時伸過手來和他握握手，並託他打個電話給他太太愛麗蓀。

四月十六日星期四，下午十一點

學員們沿著太平洋海濱，已經來回划了四小時的橡皮艇，地獄週快接近尾聲了，卡西迪教官也不那麼兇了。他把學員帶到南邊的海灘上，讓學員用木槳在沙灘上挖出一個大坑，大家坐在坑邊，吃著午夜口糧，教官一面出一些問題問他們，不讓他們睡覺。

薄雲遮不住一輪滿月，學員們在月光下，就地撿集了一些漂木，還有丟棄了的紙盒，在沙坑裏生起一片火，把木槳插在火坑的周圍，大家擠在一起環坐著烤火，一面吃口糧。

換班時，雷厲把地獄週訓練日記交給卡西迪，並且跟大家開了個玩笑：「你們說，這像不像一個活死人之夜？」

學員們越來越靠近熊熊的火焰，教官們必須注意，把他們向後拉，不然衣服和便靴都可能被燒到。

教官要學員站起身來活動一下，學印地安人跳起求雨的舞蹈。今晚不再下海了。

葛雷夫教官要他們記住，做一個美國海軍海豹隊隊員的四條守則：

一、不要跟與城市同名的人玩撲克牌。

二、不要跟有匕首刺青的女人約會。

三、每晚睡眠不能少過十二小時。

四、跳傘時，不要忘記拉扣環。

學員們一面用槳把火坑挖大，一面唱起粗俗的水手歌曲。他們越唱越有勁，坑也越挖越大。

泰勒教官拿出一瓶汽油對學員說：「你們看我把瓶丟進火坑，就大聲的嗚一次，現在，我們先來練習一遍。」

「嗚——」學員們照做了，像一羣受過訓練的海豹。

泰勒把汽油瓶丟入火中，一團火球升起，學員們同聲「嗚」了起來。然後歌聲不斷響起，他們唱過〈小寶貝，您過來吧！〉，又唱起〈點燃了我的愛火〉。他們盤腿坐在火坑旁，慢慢的晃動著身子，有些學員漫不經心的，注視著自己龜裂的雙手和腫脹的腿，好像從未見過似的。

下面的科目是自我介紹。每位學員都得站起來，向大家說出自己的小傳，重要的部分還要加以敍述。可是學員們站起來，說的最多的還是艷遇和性經驗，而且不是吹牛就是瞎編出來的故事。

包哲士這次倒是說了實話：「我出生的醫院只有兩位醫生。我念書的高中一共只有八十四位學生。我從十四歲起就在鋸木廠作工。我加入海軍是因爲他們的伙食好。最使我難忘的是我結婚那一天。她對我好，我對她也好，那是我生命中偉大的日子。」

他的南方口腔逗得大家哄笑起來，也混雜著噓聲。教官們似乎也愛聽黃色的故事。

大家也談到曾經遭遇過的困難，教官並且要學員說出他們最不喜歡的教官。但是，學員們覺得，目前還不是適當時機。

四月十七日星期五，上午五點二十分

烤火說故事之後，教官曾讓學員演練「迴避與逃生」技巧。學員們的體力已發揮到極限，只是點到爲止，教官的目的還是不要他們睡著。

學員們又回到火坑旁圍坐著，天方破曉，大家開始用早餐口糧。查佩爾倚著木槳看看天空，又看著自己的腫脚，現在如果沒人扶，他就不能走路了。

寇諾禮蹲在沙灘上，看著手中的口糧袋，他的手指痛得打不開紙袋。

藍錫的嗓音已經沙啞，眼睛又跟他過不去，他時常會看到同學們穿著紅色法蘭絨襯衣，他要寇諾禮替他下命令給組員。

「今天是星期一，地獄週還有很長一段日子。」葛雷夫教官想再嚇唬學員，可是這時已不發生作用了。學員們湊近教官身旁，偷看一下他們的手錶，就會算出還剩下多少時間。

學員們用沙掩蓋了火坑中的餘燼，把橡皮艇拉到海邊，向北方的餐房划回去。可是，風高浪大，划出防波堤，又遇見逆風，划了一小時，卻走不遠，教官就打信號要他們划回來，改從陸路走回營房。

學員們個個愁眉苦臉，腿上的腫痛越來越嚴重，教官只讓他們頂著橡皮艇前行，不再計較速度。查佩爾的兩腿很糟，他抓住艇邊的纜環，等於讓組員拖著他在走。麥卡西教官走過來問藍錫。他用左手攬住查佩爾的腰，幫助他前行，一面回答教官：「他不會有問題的。」不過他心裏明白，查佩爾恐怕撐不下去了。

歐思華教官下令，讓藍錫上尉這一組退出行列，然後問道：「你們覺得自己跟得上隊嗎？」

「跟不上。」藍錫上尉指著查佩爾的腿，無可奈何的回答。

「好！算你們通過了。」歐思華笑著宣佈。

藍錫全體組員怔了半晌，腦子才清醒過來，總算聽懂了。

在這五天地獄週訓練中，藍錫這一組總是名列前茅，又在各項競賽性的科目奪魁。但是，從未獲得任何獎賞。這次總算中了大獎，他們終於獲准，比其他各組早幾個小時，結束了地獄週。

他們想大聲喊一次「好呀」，可是嗓音多半已沙啞了。藍錫上尉和五位組員，慢慢的走近，大家擁抱成一團，像海難中的生還者，終於通過了地獄週的考驗。

歐思華教官走到藍錫面前對他說：「上尉，你們的成績很好。」

「謝謝你。」藍錫的喉嚨沙啞，語音很低。

他和五位組員，卸下救生背心，爬上卡車，回到特種作戰訓練中心。在裏面工作的幕僚都擠在陽台上看他們，對這六位從地獄週歸來的勇士，默默致敬。

詹姆士教官兼班指導員對他們說：「先去洗淋浴，現在不可以睡覺，一睡著就起不來了。洗過淋浴就換上綠的汗衫。」

學員們笑了。

「脫下便靴就不要再穿它了，換上便鞋或拖鞋。跟你的泳伴在一起，不可單獨行動。我不想看到有人在洗淋浴中睡著了，碰傷身體。」

他們要在這營房中被觀察二十四小時，如果讓他們現在就和外界接觸，那是很危險的，因爲他們已經受了五天折磨，睡眠奇缺，筋疲力盡，四肢負傷發炎，需要休養和療傷。

下一班的學員事先已把營房打掃清潔，把他們脫下的衣服收走，並且帶來需用的藥物、食物和雜物。藍錫和組員們睡覺時，他們亦會前來巡察，看見有人把腿墜到床下，他們就會把它放回床上，以免腿部繼續腫大。

經過了千辛萬苦，第一八三班學員雖有三十八位完成地獄週訓練，包括史維哲和艾倫，現在只剩三十三位可以繼續接受海豹訓練。查佩爾等五位要等傷勢好轉才能繼續受訓。

通過地獄週的學員，還要繼續接受十週的體能及潛水訓練，再到附近的聖克雷門島，接受九週的小部隊戰術和游擊戰訓練。然後到陸軍主辦的學校，接受跳傘和突擊訓練。

在他們被正式任爲海豹隊隊員之前，還要到作戰單位見習六個月，測驗他們的戰鬥能力和適應性。據訓練中心教官的估計，第一八三班如果最後還能剩下二十四位學員結業，已是海軍的幸運了。

只有完成以上所有訓練的學員，才有資格在胸前佩上榮譽的三叉戟胸章，正式成爲海豹隊的一員。

第三章　空中牛仔

美國東南部佛羅里達半島上，有一個偏僻的賀勃空軍基地，第二十特種作戰中隊在此駐防，隊員一個個都是空軍中優秀的直昇機駕駛員。他們在無線電通話中所用的呼號就是「空中牛仔」。外號「綠王蜂」中隊。

隊員們身穿飛行衣，脖子上圍著紅圍巾，熱情豪放。他們的隊歌也很別致。不出勤時，他們時常在基地簡陋的「和氣酒吧」中聚會，合唱隊歌：

我是騎鐵馬的空中牛仔，
也是敵人重賞追緝的對象，不論生或死。
我背著實彈的六弦琴走在街上，爲了生存而彈奏。
因爲我也有回不來的時候。

他們的鐵馬是價值四千萬美金，世界最新型的作戰直昇機，MH-53J型，外號「貼地飛」(Pave Low，能在低空活動的意思)，總重二十一噸。槳葉又長又大，旋轉起來，好像一隻飛起來的大蟑螂。加滿汽油，全載重時可持續航行六百哩。並且有空中加油設備，運送武裝部隊到更遠的地方。

這種新型直昇機是高科技的產物，裝設多種太空時代的導航儀器，絕對機密的電子反制及預警機件，干擾敵方電子和飛彈設施的裝備，應有盡有。武裝方面，裝置七．六二公厘的小砲和點五〇口徑機槍。隨時隨地可提供航行資料的機上電腦，具備二十五萬六千個記憶單位。

在特種作戰方面，從甲地移動到乙地一直是個難題。可是從敵後救出人質，突擊恐怖份子藏身之地或訓練游擊戰人員，都必須先到達指定地點才能進行。多年來敵境運兵是美軍特種作戰中較為脆弱的一環。現在有了「貼地飛」，不分晝夜或惡劣天氣，都能在敵境執行任務，躲過敵方雷達偵測、地對空飛彈的攻擊，在擦著樹梢的低空活動，成功的運兵到指定地點。

一般運輸機駕駛員運用航行設備，把飛機安降在有照明的跑道上；噴射戰鬥機駕駛員，可以在空中看到自己炸毀的橋樑。「貼地飛」的任務，則很像大海尋針。他必須在黑夜裏，飛到數百哩外的南美叢林中，救起一位戴扁圓帽的特戰隊員；或是運送三角特攻小組到不知名的阿拉伯城中一座公寓，搶救被敵方囚禁的人質。執行任務中，不能犯一點錯，也沒有時間讓你臨時去尋找目標。

一般軍用直昇機駕駛員總是按照固定的航線，運送人員和物質。駕駛員通常要迴避惡劣天氣，也不准在低空活動。駕駛員多賴計算法航行和無線電導航，飛到目的地。「貼地飛」駕駛員就不一樣了。他們時常在樹梢上掠過，或是在山嶺上隨地形翺翔；如果天氣轉劣，更要隨時變換任務。他們全靠十來種不同的新式導航系統，制勝千里之外。

「空中牛仔」雖是他們的呼叫暗號，卻不能代表他們。「貼地飛」駕駛員必須是一個敢於冒死犯難，會運用電腦，心細如髮、臨危不亂，而且很有條理的人。操縱直昇機駕駛桿時，他要有一雙外科醫師般靈巧的手，操作複雜的多種儀表開關，又要像太空機械師那麼熟練。而且，他能鎮靜的以每小時一百五十哩的時速，在只有一百呎的低空飛行，眼睛被蒙住似的，全憑電腦暗淡的綠光顯示航行。

空軍特種作戰中隊在二次大戰中誕生。當年第一空中突擊大隊，由多國盟軍飛行員混合編成，曾經空運補給品給在緬甸對日作戰的英軍——有名的溫格特突擊隊(Wingate Raiders)。戰後第一大隊即告解散。超音速噴射戰鬥機，還有可攜原子彈的長程州際轟炸機，成了空軍熱門話題。

到越戰時，空中突擊隊才逐漸應運復起，起先在運輸機側方裝置火砲，攻擊越共據點，贏得「噴火魔龍」雅號。後來才用「輝」(Huey)或稱「綠巨人」(Jolly Green Giant)的大型直昇機，執行敵境救生和運送突擊隊執行某祕密任務。一九七〇年，曾經參與突擊宋台(Son Tay)俘虜營任務，功敗垂成。

一九八〇年，拯救被伊朗扣留在德黑蘭的美國人質失敗後，國防部痛感長程作戰直昇機的必要，才下令空軍重新成立第二十空軍特戰中隊，並採用 C/HH53 型「超級綠巨人」直昇機，這才開始有了「貼地飛」的美名。

一九八三年，格瑞納達之役中，「貼地飛」的長程及全天候性能應可發揮，卻未能參戰。一年後，陸軍的直昇機已多達五千架，空軍曾想將「貼地飛」和它的任務移交陸軍接管，國會卻不同意，並且要空軍增購更多這種特戰直昇機。

駕駛員的任務範圍也擴大了，包括加勒比海一帶的空中緝毒，以及運送陸海軍特種作戰隊員參加祕密訓練和演習。巴拿馬戰役中，「貼地飛」就曾出勤，從巴拿馬機場和城裏馬列奧(Marriot)旅館中救出人質，並且攻擊巴拿馬軍事要地，撤出受傷美軍。在巴拿馬首都，載著三角特攻隊隊員，搜尋巴國強人諾瑞加藏身之處。亦曾出入槍林彈雨，空降陸軍突擊隊，進入被圍困的美國大使館。

現在，這種空軍特種作戰直昇機隊，已擴充到四十多個單位，駐地遍及歐亞兩洲，裝備除「貼地飛」外，還有MH-60G型「鷹式」武裝護航直昇機、具有特種裝備的MC-130E和H型戰鬥運輸機，載運特戰隊員，祕密空降，滲透敵境，並能爲直昇機空中加油。此外，AC-130H型空中砲台，火力強，命中率高，曾爲聯合國維持索馬利亞和平計劃出過力。

在美國新墨西哥州首府阿爾伯寇基城，美國空軍在寇特蘭基地投下鉅資，建立特戰飛行專科學校，訓練已成熟的固定翼飛機和直昇機飛行員。校中具備各種新穎的模擬飛機、電腦和特種設備。

現在就讓我們到這所特戰飛行專校的一間簡報室裏看看。

兩位前來受訓的駕駛員，杜布克和皮林司正在一張長桌上，計劃今晚的夜航訓練。攤在桌上的有航行地圖、航行日記和氣象圖。

「對時開始」，杜布克向室內的學員宣佈，同時用指尖轉動按鈕，定好手錶上的時間，接著數出：「五、四、三、二、一、對時。」

大家的手錶都對好了，下午四點三十分。

在飛行前簡報中，這雖是一個小節，但是白克教官卻很注重。「貼地飛」的任務是以秒計時的，他們出動的主程，離不開準確計時，如與規定到達目標時間前後相差十秒以上就不合要求。

白克上尉，年方三十，是學校中最年輕的飛行教官。他來自加州，中學時曾跳了一級。聖地牙哥州立大學畢業後考進空軍，二十一歲就當了少尉駕駛員，三年後調到「貼地飛」中隊，工作了五年。巴拿馬戰役中，美軍曾出動特戰直昇機和突擊隊，擒拿了強人諾瑞加，白克上尉亦曾參與計劃作業。

第一空軍特戰聯隊，每當世界各地發生危機，立即組成應變計劃小組，必要時，還會下令有關地區待命的特戰直昇機出動，執行祕密任務。

白克上尉調任教官後，很不習慣校中刻板的生活，經過三個多月，才慢慢能適應。他認爲訓練一個普通直昇機駕駛員並不難。但是，養成一位特戰直昇機駕駛員，必須注意培養他冒險犯難的精神，才能臨危不亂，達成高難度任務。

一般運輸機駕駛員要循規蹈距的照教範飛行，遇到惡勢天氣就會停飛，隨時注重飛行安全。特戰直昇機駕駛員卻一心以準時達成任務爲目的，惡劣天氣和地形都不能阻止他們。

所以，他們要分秒必爭，始終守時。杜布克在下午四點半整和大家對過錶，六點五十分必須進入駕駛艙，七點整啓動引擎，這樣組員才有充分時間按照檢查表，逐項完成啓動前檢查和安排。

七點零五分，旋槳全部轉動。如果延遲了幾分鐘，就會影響以後的航程。

杜布克和皮林司把航路互相檢查一遍，就將沿途經過地點的經緯度交給機械員。他們兩位都是空軍上尉駕駛員，來到寇特蘭特戰飛行專校已有六個月了，還有兩個月就可以完成訓練，成爲「貼地飛」直昇機駕駛員。

空軍每年要選出上百位飛行員，到寇特蘭專校受訓。他們多是成熟的直昇機駕駛員，不少曾被陸軍借調，駕駛過直昇機。

頭兩個月，幾乎全在教室上課，一册厚達四百三十九頁的飛行教範，加上一堆電腦磁片，配合電視錄影帶教學，還有看不完的技術資料和術語，讓學員瞭解「貼地飛」各項複雜的系統。

後面四個月用在駕駛「貼地飛」直昇機，包括夜航。由於它體積龐大，降落時佔地頗廣，速度亦較快，練習飛行時常會降落在指定地點以外。一般直昇機，駕駛員多可在駕駛艙內看清週圍地形，包括準備降落的地點。但在「貼地飛」裏，駕駛員高高在上，看不見下面。他只能小心翼翼的，依照三位組員的口頭指引，慢慢的把這大傢伙往下放，直到機輪著地。

杜布克來自康乃迪克州，今年三十歲，他原想到南卡羅林那州大學加入美式足球校隊，結果卻拿到了商科學位。進空軍時，就對直昇機發生興趣，他覺得直昇機不但飛行速度慢，機上還有許多電動玩具。

皮林司只有二十八歲，洛杉磯人，美國空軍官校畢業。他因視力稍差而被派到直昇機單位，駕駛「輝」式直昇機。雖然很早就曾申請駕駛「貼地飛」，直到六年以後他才如願以償。

「貼地飛」直昇機上有一套全能導航系統，綜合多種導航和助航裝備、新型的雷射光和雷射環陀螺儀，隨著直昇機的移動，通過電腦計算，隨時顯示位置、方向和速度。駕駛員亦可以從磁羅盤、自動方向顯示儀、雷達高度表的指示，查對自己的確實位置。

此外，還有一套杜普勒導航系統，由十九世紀奧地利物理學家杜普勒發明，利用音波和光波的反射作用，測出速度和距離。例如火車汽笛聲由遠而近，經過你站的地點最響，又隨火車的離去而逐漸減低。杜普勒導航系統就是根據這項原理，普遍為軍事航空及民航方面使用。在機腹下裝置特製雷達光束發射機，向地面發出調頻訊號，再用接收機將回收到的訊號，通過導航電腦的計算，隨時將正確位置顯示在駕駛艙的儀表板上。

在副駕駛儀表板的右下角，有一具圓形電視幕，隨時顯示「貼地飛」沿途經過的地形。這是利用實地攝製的三十五米厘錄影帶，配合航路電腦，連續的顯示直昇機位置和飛經的地點。駕駛員比照地圖，更易確定自己的位置。

爲了防止「貼地飛」直昇機撞山或其他障礙物，專門設計出兩種低空夜航特殊儀器：地形雷達和紅外線地形探測器。

在「貼地飛」機頭的灰色凸出物中，裝有地形雷達天線，在駕駛員後座艙內的雷達螢光幕上，可以清楚的看到一條電子航路，只要保持在這條航線上飛航，不要偏離，就可安全無虞。這種雷達的作用，就像盲人的探路棒，並且有緊急上升的警告。

紅外線地形探測器是測量地面散發出的不同熱量，經過特殊處理顯示出機前的地形，又稱「前瞻探測器」。通過駕駛艙儀表板上的兩具電視螢光幕，駕駛員可以明瞭機外的地形。

一般民航機駕駛員在惡劣天氣中降落，必須依賴儀器和航管引導，穿過雲層，逐步下降，以至安全著陸，其間爲時不過十數分鐘。可是，「貼地飛」直昇機駕駛員經常在儀器航行狀態下，要持續數小時，不斷的注意各項儀表的顯示，才能免除撞山和碰樹的危險。

一具強有力的任務電腦，綜合各項導航系統傳送過來的訊號，加以分析，使駕駛員隨時隨地確知自己直昇機的位置。但是，駕駛艙中雖有正副駕駛和空勤機械三人，仍不足以全面把握瞬息變化的飛航情況。

「貼地飛」的正駕駛座位在右邊，左座是副駕駛，與一般民航機不同，中間是空勤機械員的座位。正駕駛左手用駕駛桿操縱升降，右手的駕駛環操縱前進和方向變換，兩脚控制機尾旋槳，輔助轉彎。

副駕駛除了和正駕駛共同注意導航系統的顯示，還要適時撥動數以百計的多種開關，事先要在模擬機中練得百無一失才能勝任。機械員一樣要隨時查看各種儀表顯示，瞭解直昇機的實際位置，還要協助操作導航系統，處理有關機械事項。

他們三人通力合作之外，還需要再用三位在後艙的組員，兩人在機身兩側，一人在機尾，隨時報告他們所看見的機外地形地物，協助確定「貼地飛」的位置。

駕駛艙中，前方、上方和左右都是儀表和開關，通往後面主艙的左側有一具多層的鐵架，上面放滿了導航機件，電腦主機、錄影帶、電子戰專用的黑盒子、航行電子裝備等，組員都喜歡叫它「披薩架」。

正駕駛除了駕駛直昇機，隨時注意各項儀表所顯示的位置，還要耳聽副駕駛、機械員和主艙裏三位觀察員的位置報告，好似一人開車，五人坐在車中，不停的告訴他現在的位置在什麼地方。此外，正、副駕駛還要經常守聽六個無線電通話波道，隨時與空中和地面保持聯絡。曾經上過「貼地飛」的F-16噴射戰鬥機飛行員，對繁多的儀表螢光幕、機內通話的噪音都會感到頭痛。

杜布克和皮林司幾乎用了一整天才做好飛航裝備工作。油量消耗須依空速、高度，以及直昇機不同的動作和時間，事先計算妥當。如需空中加油，就要列明會合地點；倘若加油機未能在約定時間出現，可用的地面加油地點必須預先考慮一併列入計劃，升空前加夠所需油量。

一般駕駛員都依照規定的直達航路飛行。「貼地飛」卻必須選擇隱密性高的航路，利用山谷和地形，規避敵方防空雷達和軍機的偵測，以及高砲陣地。緊急迫降和逃生路線尤應週密計劃。

這次訓練任務中，他們要飛越北方的傑梅茲山，然後轉向西方，再向南飛，經過印地安人保留地拉姑那，到達滲入點，全程約二小時。

要將直昇機準時飛到數百哩外的指定地點，沿途必須設定檢查點，以免偏離預定航線。明顯的地標，如交叉路口、建築物、特殊的地形都是有用的目視地標。

任務電腦一次可容納九十九個檢查點。杜布克這次要用十六個。他們要仔細審查多個檢查點的經緯度，然後依照航行順序輸入電腦，任務電腦就會算出應用航向和空速。駕駛員通過每一檢查點，必須用目視和各種導航系統的顯示，核對比照，確定無誤後，再向下一個檢查點航進，直至準時到達目的地。

任務電腦雖很精確，卻不容有半點人爲差錯。輸入經緯度時，如果弄錯了一個數字，不論是一度一分，甚至百分之一分，就會失之千里，飛不到目的地。相差一度，每飛航六十哩就會偏離航路一哩；地圖上一條鉛筆線之差，在地面上就相差三十碼。倘若執行祕密救人任務，就不合要求了。

杜布克手持一張檢查單，和全機組員一同做飛行前簡報，每做一項，就用筆在單上鈎一下。檢查單中項目很多，包括地面反劫機安全措施、引擎故障緊急處置程序、緊急迫降須知，以及組員應攜帶的求生裝備等，一項都不能忽略。

空勤機械員狄恩中士，三十六歲，進空軍已十七年，其中十五年在 B-52 轟炸機大隊擔任射擊士。前年空軍將這項職務取消。半年前，他同妻子和兩個小孩來到寇特蘭，他調來此地接受「貼地飛」空勤機械員訓練。

半年來，他努力學習，不僅熟讀兩吋厚的「貼地飛」教範，充分瞭解引擎和各項系統，對導航系統和任務電腦的操作，已有相當經驗。

今天在簡報中，他擔任的是敵情講解。假想敵是蘇俄，所講的是如何規避地對空飛彈攻擊。狄恩按規定，把「貼地飛」應採的迴避行動提出說明。在實際作戰中，利用山谷和地形的掩護，貼地低飛是最好的防禦。

「貼地飛」引擎具有三千九百匹馬力，在平均海拔九千呎的山岳地帶飛行時，由於空氣稀薄，浮力亦會減低，這種情況與低空飛行時一樣危險。身兼訓練和安全雙重職責的飛行教官，帶領一批尚未熟練的組員，坐在副駕駛座位上，隨時準備在必要時，接掌操縱桿由自己來駕駛。

飛行前簡報完成後，狄恩拿著飛航日記和其中所列的檢查點，走上停在機坪的「貼地飛」直昇機，將每一個檢查點的經緯度，通過儀表板中間的長方形鍵盤，細心的輸入任務電腦，然後還要測試多項導航系統、雷達和感應器的效能和指示是否正確。這項工作又得讓他忙上兩小時。

駕駛員從補給室領了夜視眼鏡、求生背心，內裝急救藥包、口糧和袖珍無線電。這種夜視眼鏡固定在頭盔前方，使用時扳到眼前，利用頭盔後方的電池，將週圍暗淡的光線變亮，就可在黑暗中看到東西。

下午六點五十分整，杜布克坐上右方正駕駛座位，開始做引擎起動前檢查，皮林司坐在他身後，下半節才會輪到他駕駛。

天色很快就黑了，今晚沒有月亮，正是執行祕密任務的理想天氣。在「貼地飛」後面，有一架 MH-60G 鷹式直昇機，也在做引擎起動前檢查，教官施力克少校坐在副駕駛座位，帶領一組學員，隨「貼地飛」一同出發，擔任武裝掩護。

七點零五分，引擎起動了，龐大的旋槳在機頂上開始轉動。直昇機隨著引擎的震動搖晃起來，機內的組員各自忙著自己該做的事。主艙內的三位觀察員不停的檢查各項電子機件，艙後的門和艙內的圓窗在夜航中都要打開，使他們容易看清機外的障礙物。

駕駛艙內露出一片綠色光芒，那是從雷達螢光幕、電腦和紅外線顯示器發射出來的。狄恩嘴裏唸著檢查的項目，手握一隻化學綠色光筆，指點著逐一檢查的儀表。羅賓生教官在他背後提醒他，時間已晚了一點。

狄恩自問自答的唸著：「第一號引擎。」「完成起動。」

「警告與注意儀表板。」「檢查完畢。」他同時用光筆指著那儀表板。

「第一號油門全開。」他按照檢查表所列順序繼續唸下去：

「扭力與引擎超速保護開關。」「檢查完畢。」

「油門。」「在規定位置。」

「燃油控制柄。」「全開。」

做完引擎起動檢查，組員接著做滑行前檢查。

確定一切正常，地面人員將機輪下檔拿開，「貼地飛」開始慢慢移動。七點二十分，比預定遲了兩分鐘。羅賓生教官記在心裏，準備在返航後講評時，提醒學員注意改正，儘可能準時出發。

「貼地飛」在滑行道上前進，狄恩報出風速和風向。機尾觀察員用機內通話機，向駕駛員報告，鷹式直昇機已滑出停機坪跟上前來。機身兩側的觀察員接著報告。

「左方安全。」

「右方安全。」

「後方安全。」機尾觀察員隨著報出。

羅賓生教官告訴狄恩，在跑道上指定的一點，如何用任務電腦和雷達以及其他導航儀器，校對確定自己的出發點，也就是方才在任務電腦中設定的第一個檢查點。一定要有個正確的開始，才能順利的到達目的地。

杜布克左手將駕駛桿輕輕向後一拉，直昇機離地了。

後艙三位觀察員各自用機內話機向正駕駛報告安全。

杜布克將直昇機慢慢飛到跑道頭標明的出發點。狄恩按教官的指示，把杜普勒和有關導航系統的機件和儀表再做一次檢查、核對和設定。此後，雷達和電腦就會一路自動計算，並且顯示直昇機的正確位置。

「使用夜視眼鏡。」杜布克由話機向組員下令。

組員把夜視眼鏡從頭盔上扳到眼前，艙內熄燈後一片黑暗，透過夜視眼鏡才看得見。

杜布克用了夜視眼鏡，好似從綠色望遠鏡中看東西，城市的燈光閃爍可見，但都變成了綠色的光點。

「起飛後檢查做得慢了些。」羅賓生教官提醒狄恩：「你要樣樣先想到，爭取時間。」

杜布克開始檢查引擎的馬力，注意引擎每分鐘的轉數。如果馬力不夠，就不能按計劃飛越高山，不是事先改變航路，就要提早拋棄機上的裝備，減輕重量。

接著要測試原地留空接合器。在正駕駛左膝旁邊有一個小型調整桿，它能夠結合杜普勒雷達和高度表，自動保持直昇機在原地上空停留不動。

杜布克把直昇機帶到一百呎高度，先用雙手操縱，直昇機有點震動，卻能留空不動。然後他用特製的調整桿，通過自動駕駛結合器，讓直昇機自動保持在原地上空。接著他再操縱直昇機向左右前後移動。一切正常。

在主艙右側機門旁，也有一具同樣功能的調整桿，緊急救人或從地面將人吊上來時，駕駛員在前艙，無法看到後艙的情形，他可以臨時授權右方觀察員，使用調整桿，對準地面人員所在地點，保持直昇機原地留空，設法將待救人員吊起，再從機門拉進來。

杜布克用話機通知右方觀察員：「調整桿交給後艙。」右方觀察員抓住主艙門旁的調整桿試飛一會，一切正常。他用話機向正駕駛報告：「調整桿交回前艙」。

白克教官這時下令杜布克，下降到五十呎，離地面越近，危險性越高，結合器一旦失效，改正的時間也縮短了。白克教官兩手靠近操縱系統，隨時可以自行接手。

杜布克用調整桿降到五十呎，機身穩定在空中不動。

「自動駕駛結合器關掉。」杜布克一面說一面用雙手自行操縱。他覺得自己身上在出汗。

「現在可以爬昇了，動作慢些。鷹式機在我們下面。」白克教官囑咐杜布克。

「貼地飛」上升到兩百呎，然後以每小時四十五哩的低速前進。這樣，鷹式機就不致離開太遠而跟不上。

管制塔台通知他們，有一架小型民航機在他們左前方，十一點位置，要他們注意。左方觀察員從窗口探頭出去，在夜視眼鏡中發現一架小型客機正轉彎離去，大家才放心繼續工作。

城市的燈光在直昇機下面通過，「貼地飛」沿著李歐格蘭第河北飛，地平線上隱約看得見傑梅茲山幢幢的輪廓。距離第二個檢查點——傑梅茲峽谷水壩，還有七分鐘航程。

「重新設定杜普勒導航系統。」羅賓生教官提醒狄恩。

狄恩把水壩的經緯度，用鍵盤輸入駕駛台中間的杜普勒控制顯示器。

杜布克向全體組員宣布：「大家注意，我現在要做導航儀表測試動作。」他把直昇機拉高，推低，左轉，右轉，然後查看地形雷達和紅外線地形，有無影響顯示器。結果指示都很正常。

他從紅外線地形顯示器的螢光幕上，已經看到了水壩，就用話機通告後艙。觀察員探頭出去，眼看接近水壩，開始倒數：「五、四、三、二、一、通過。」

狄恩立刻按下任務電腦和杜普勒系統的兩個按鈕，幾秒鐘後，他面前的電腦光幕顯示出一串數字，就是這兩個系統計算出來的直昇機位置。他把這兩組經緯度的座標點標明在地圖上，與原先輸入檢查點的座標，連成一個三角形，互相對照，如果三角形太大，表示那兩組電腦算出的座標點有誤差，狄恩需要檢查和做必要的調整。

這次在地圖上標出的三角形很小，表示一切正常，不需作任何調整。

杜布克這時才向組員宣布，進入儀器飛行。他把夜航眼鏡推回頭盔上，外面一片漆黑，他希望全憑任務電腦和地形雷達，還有紅外線地形顯示器的指示，把直昇機飛到目的地。

儀表板中央有一個水平儀，指示直昇機對地平線的狀態，上面有幾條水平白線，顯示上升、下降、轉彎等不同姿態。紅外線地形顯示器，正、副駕駛面前各有一具，不但能顯示機外地形，還能顯示正確的航路。駕駛員只要保持代表直昇機的一個白點，使它不偏離代表航路的白色十字形指標，就可以飛到下一個檢查點。這種顯示器並能適時警告駕駛員立即上升或下降。

地形雷達在他右前方，綠色螢光幕上隨時顯示他要經過的地形，下端並且有一條淺綠色的走廊，它代表地面上一千五百呎寬，前方一哩長的地帶。駕駛員操縱一個代表直昇機的指標，使它保持在綠色走廊之中，就不會撞山或碰樹。但是，直昇機速度快，雷達只能看到前方一哩的地形，有如騎摩托車通過短而窄的巷子，不小心就會撞上牆壁。

「貼地飛」通過了第三個檢查點，時間準確。然後轉向北進入傑梅茲山區。杜布克想使直昇機保持時速一百一十哩，由於高度增加，空氣漸稀，引擎顯得有些吃力，當時速低到六十哩時，他就會加油門，增加速度。

白克教官也注意到這一點，他覺得後面還有一架鷹式直昇機跟隊，杜布克不該時常變換油門位置，使他們不易控制速度。

狄恩這時要做燃油輸送，他打開幾個開關，把機翼油箱儲存的燃油轉送到機身主油箱中，供應引擎。這也是由他負責的許多工作中的一項。

「貼地飛」快飛到下一個檢查點了，那是伯蘭德峽口。狄恩的動作，在羅賓生教官看來，總覺得太慢。大概是訓練時間不夠，還不能做到提早一步，先想到就做到的程度。

直昇機通過峽口了，氣流很不平穩，「貼地飛」忽上忽下。從夜視眼鏡看出去，可以看見兩面山峰上的積雪，松樹似乎很接近，後艙的觀察員不免揑一把汗。白克教官可以體會組員的心情，按他的計算，兩側的山頭和直昇機相距不過七百呎，以現在的速度，如果偏離航路，不論左右，只要飛航約四秒鐘就會撞山。

白克教官就在這時把紅外線地形顯示器關掉了，表示它突然失效。杜布克和狄恩只好參考其他四個螢光幕，並按雷達指示，保持正確航向。

白克接著關掉任務電腦所有螢光幕，表示導航系統完全失效。杜布克連忙通知後艙組員。

白克告訴狄恩：「機械員，你現在就是領航員了。」

狄恩不停的報出航向和高度，身上在出汗。

杜布克只好全憑基本儀表：水平儀、磁羅盤和高度表，保持直昇機的航向和高度，由於操縱稍猛，直昇機升降的幅度也增大了。白克透過夜視眼鏡，隨時注意機外地形。

後艙觀察員輪流的向前艙報告，他們目視估計離開山邊的距離，因爲曾經訓練多次，估計得相當準確。

白克教官把任務電腦和螢光幕開關重新打開，杜布克調整好直昇機的航向和高度，按照紅外線顯示器和地形雷達繼續向前航進。

「貼地飛」升空已有一小時了。杜布克的手腕由於久拿駕駛桿，已覺得發酸。白克教官接過來操縱，讓他休息一下。

杜布克用夜視眼鏡向機外打量，才感覺到自己眞在夜間飛行。因爲他一直在憑儀器飛航，像玩任天堂電動玩具似的，這時才有機會看到機外情形。

杜布克從教官手中接過操縱，發現已經飛過第八個檢查點，他們在九千呎高峰的東面通過，偏右了一點。他調整好航向和速度，向第九個檢查點飛去——北方的聖安東尼山谷。

下午八點三十五分，「貼地飛」終於飛離了傑梅茲山區，它轉向南方的平原，朝拉姑那印地安保留區飛去。訓練科目是在指定的滲入點降落，放下特戰隊隊員。

杜布克和狄恩又作了一次動力測試，確定引擎在到達滲入點時有足夠馬力，然後下降高度。在距落地區三哩外，杜布克帶上夜視眼鏡，開始作目視飛行。

他和狄恩做完了落地前檢查，看看艙外的地形，比照雷達顯示，尋找落地區。

「落地區就在右下方。」白克教官提醒他。

後艙觀察員開始報告他們所見的障礙物，機內通話又忙起來了。杜布克把直昇機對正落地區下降時，狄恩不停的報出高度、速度和每分鐘下降的速率。

觀察員報告，後艙沒有看到障礙物。

「兩百呎，五十浬。」狄恩報著高度和速度。

「貼地飛」接近電線桿時，觀察員連忙提出警告。在低飛時，電話線、電力線和高壓線都非常危險。

「一百呎，五十浬。」

下降到離地五十呎，狄恩不再報了，後艙右方的觀察員接下去報出高度，引導直昇機，慢慢的，準確的，降落在指定的地點。

如果機上裝運特戰隊隊員，這時就會從後艙門衝出來。

現在，「貼地飛」的旋槳把冷風一陣陣吹進後艙。觀察員報告施力士駕駛的鷹式直昇機已從後面跟上來。

現在的時刻是下午八點四十五分，杜布克準時降落在目的地。

「貼地飛」只在地面停留兩分鐘，旋槳掃起一片灰塵。鷹式直昇機在它後面，機外燈閃亮著，表示已經準備升空。

杜布克加足馬力，把駕駛桿向後一拉，「貼地飛」又離地了。兩側的觀察員向他報告安全無問題，狄恩不停的報告引擎馬力、上升率、高度、速度和航向，機尾觀察員報告鷹式機已尾隨升空。

「貼地飛」開始向其他降落區航進，在四十五分鐘內，他飛到四個不同的地點降落，然後再起飛，演練運送和救出特戰人員。

九點三十六分，「貼地飛」在第五個降落區落地後，皮林司學員坐上了駕駛座，杜布克回到後艙休息。

狄恩也被一位教官換下去了，他需要熟悉山區飛航的時間。狄恩覺得很疲倦，而且動作總是慢了一拍，在模擬機中受訓時他可以叫暫停，但是在眞正飛行中就辦不到了。

皮林司起飛後向北方山區航進，他練習的科目也是準時到達目的地。他要飛過一個山谷，兩側山峰並立，看起來相當接近，後艙的觀察員不停的報出目視估計的距離。皮林司很鎭靜，柔和的操縱著「貼地飛」安然通過，準時到達目的地上空。

當他降低高度時，卻未注意到提早減速，結果到了降落區上空，速度和高度都高出了標準，不能順利的使用自動結合器。按規定速度要降到每小時三十浬以下才可使用。皮林司眼見「貼地飛」要飛過降落區，時速還未減到三十浬，就用上結合器，機頭因速度突減，猛然上仰，組員都向機後滑去，嚇得心驚膽戰。白克教官連忙接過操縱桿，立刻解開自動結合器，把機頭改成平飛狀態，繼續航進。如果讓機頭高舉而不加改正，直昇機會很快失去浮力，失速墜毀。

白克教官深深吸一口氣，這一週來已經是第三次從學員手中接過操縱。前兩次也都可能導致失事。

他把操縱交回皮林司，皮林司讓直昇機轉一個彎，然後再逐漸減速和降低高度，按規定使用結合器，成功的完成原地留空的演練。

教官又接過操縱桿，轉了一個圈，然後向南飛返基地。

「貼地飛」飛近寇特蘭基地，已過了晚上十一點。皮林司和教官迅速的算出所需返降油量，加上規定的九百磅預備油量，還多出三十分鐘。於是，就在跑道上空練習原地留空，後艙門打開，墜下一條繩梯，假想特戰隊隊員得以由地面攀登直昇機。

「貼地飛」落地時間是晚上十一點二十六分，白克教官除去夜視眼鏡，鬆了一口氣。皮林司把直昇機滑行到一輛油車旁邊，練習緊急加油。如果按正常程序關掉引擎，加油需時四十分鐘，但是在戰鬥中爲了爭取時間，只有採用緊急加油，可以省去半小時，不過危險性也高。直昇機旋槳在轉動時會發生靜電，萬一產生火花，就會引爆燃油，形成火災。

皮林司關掉無線電和導航系統，減除發生靜電的機會，機旁十呎，已部署好手持滅火器的救火員。

地面加油人員把油管接上直昇機的加油口，狄恩確定接合安全無誤，燃油開始輸入機身，油車旁還蹲著一位加油人員，準備萬一起火時，隨時將油車輸油開關切斷，保持油車本身的安全。

緊急加油練習完畢，一切遵從規定，無懈可擊。油管卸下後，「貼地飛」慢慢滑行到停機位置，關掉引擎，結束了夜航訓練。

杜布克、皮林司和狄恩與教官們，在簡報室舉行任務歸詢時，已過午夜，白克教官讓他們從訓練中隊冰箱裏搬出一打啤酒，大家開心暢飲，讓冰涼的啤酒紓解乾渴的喉頭。

鷹式直昇機駕駛員施力士，不知從哪裏拿來一把鋸子，一面笑著向大家說：「上半節是哪個飛的？我要把他腦袋鋸掉！」

杜布克趕快站起身跑，施力士在後面追，逗得大家都笑了。

「不錯，在山區附近，從時速七十哩到一百八十哩，我調整過好幾次油門。」杜布克認錯了。

「好幾次！虧你還好意思說呢！」施力士還是有氣。

「我不過是學員，正在學習啊！下次不會了。」

白克教官叫大家坐下，然後開始講評。

首先他指出滑行前檢查做得太慢，出發晚了兩分鐘，空勤機械學員狄恩要能夠早些想到該做的事，主動把它做好，就不會落後，並且可以適時協助駕駛員。

他又指出杜布克飛近第八個檢查點時，向東偏航了一些，不過發現得早，立即改正之後，準時通過下一檢查點。他認爲兩位駕駛學員操作都不夠柔和，通過山區時尤應保持航向和速度，不得隨意改變。杜布克後來操作雖有進步，仍應多與後艙組員聯絡，使大家隨時明白駕駛員的企圖。

提到皮林司做第一次原地留空，機頭上仰的危險狀態時，皮林司立即認錯了。白克教官並未苛責，只把應注意的細節，如降低高度時要配合地面距離，逐漸減速;儀器飛行時，操作更要細緻精確等要點，重述一遍，才結束了講評。

雖然他們中隊的呼號是「空中牛仔」，但是「貼地飛」駕駛員不僅要操作柔和、細緻精確，而且必須心細如髮，有沉著鎭定的功夫。

噴射戰鬥機駕駛員直至今日，仍不免崇尚英雄主義，「貼地飛」駕駛員從開始受訓，就注重同舟共濟的團隊精神，駕駛員不過是團體中的一份子而已。

明天晚上，他們又會回到「貼地飛」駕駛艙中，凝視著綠色螢光幕，翺翔在漆黑的傑梅茲山區。

第四章 三角特攻隊

美國北卡羅林那州的布雷格堡，是陸軍特戰部隊訓練重地。在十九號靶場附近，有一處訓練營地，圍牆上裝有電子感應器的鐵絲網，門內有幾幢瑞士式的樓房，黃牆紅瓦，高高的矗立在帶沙的紅土上，門口掛著「安全作業訓練設施」的牌示。

這個「設施」就是以打擊恐怖份子聞名全球的三角特攻隊之家。

三角特攻隊至今仍是美國軍方最機密的一支部隊，五角大廈甚至從未公開證實它的存在。雖然有過小說和電影，描寫和推崇這支神祕的部隊，但是除了少數政府高級要員之外，從未對外公開，更無新聞人員到過這座稱爲「設施」的特攻隊訓練中心。他們的隊徽是一個鑲綠邊的金黃色三角形，中間揷著一把白色匕首。

布希任副總統時，曾到三角特攻隊參觀。當時部隊還在布雷格堡中央老營區。爲了展現特攻隊突襲恐怖份子據點的威力，一律採用眞槍實彈。布希坐在其中一間房內觀戰，只戴一副特製眼鏡和耳機。布希的安全人員認爲太危險，要改用空包彈，可是特攻隊不同意，經過磋商，布希坐在防彈玻璃室內，緊挨著他左右各坐一位安全人員，嚴密保護。

四位特攻隊員猛然破門而入，對著防彈玻璃室四周的人形靶實彈射擊，就地殺死假想敵——中東恐怖份子，立即救出權充人質的副總統。布希從玻璃室中出來，微笑著和隊員一一握手，心裏不免有些緊張。

一九八七年，三角特攻隊從老營區遷入耗資七千五百萬美金，在十九號靶場旁擴建完成的訓練中心。他們在三層樓房內，演練人質搶救。房屋的隔間可隨演練情況調整，區隔成會客室、餐廳或辦公室。有多種活動的人形靶，包括自己會走動的機器人，並可用幻燈機將人質或恐怖份子的形像映射在牆上，甚至運用最新的立體攝影，使特攻隊隊員不會認錯對象。在打空中活動的飛靶時，射手可以用語音發令，讓一個小球自動飛出來，立即射擊。這座三層樓房的外號就叫「恐怖之屋」。

在飛機模型室裏，從屋頂墜下用鋼索吊著的客艙模型，與廣體民航機內部大小完全一樣，坐在客艙內的旅客都是假人。學員在地面用繩梯練習攀登並打開機門，攻擊劫機罪犯。其他射擊室中，另備不同的升降機和樓梯間，以供練習清除匪徒之用。

訓練中心運動設施充實，有奧運級的游泳池、三溫暖、三個迴力球場、設備完善的體育館和棒球場，還有防溺訓練用的深水泳缸，以及鸚鵡螺體重室。

另有一處建有三層樓高的牆，是專爲訓練登山用的。亦有訓練學員開鎖專用的地方，在一塊木板上裝置數十種不同的門鎖，由學員一一設法打開。中心的電氣化教室設備新穎，所用的聲光教學器材，媲美五角大廈。

戶外訓練方面，有多種靶場，如十九號A靶場用於爆破，十九號B靶場是用來訓練狙擊手的，又分長距離和短距離兩處，長的目標可達六百四十二碼，短的只有幾碼，專門訓練那些破門而入，短兵相接的殺手。

十九號C靶場是手槍、衝鋒槍和霰彈槍練習射擊場。十九號E是活動目標靶場，學員除了練習射擊活動目標；有時坐在疾駛的車輛上，對目標突擊。此外，還有一條兩旁都是叢林的彎曲小徑，埋伏著會自動跳出來的人形靶，讓學員練習快射；爲了躲避恐怖份子伏擊，另有一條特設車道，供學員練習駕車技巧。

訓練中心稱得上自給自足。各中隊有自己的餐館、宿舍、任務前夕必須住進的待命寢室，甚至也有酒吧和康樂室，供學員閒暇交誼聯歡。

三角特攻隊的成員是由美陸軍菁英組成，也是三個打擊恐怖份子組織之一，其他兩個是海軍海豹隊第六組，以及聯邦調查局的人質救援組。他們時常互相切磋戰術，並在訓練方面通力合作。

看過卻克諾利斯和李馬文電影的觀衆，覺得特攻隊神勇無敵，如天將下凡。其實，他們也不過是普通人，平均年齡三十一歲，至少曾在軍中任士官十年，智力測驗在一百二十三分以上，才夠資格申請加入三角特攻隊。

隊員多半已婚並有子女，幾乎都不抽煙，滴酒不沾的也不在少數。利用化名掩護身分進行工作時，也會蓄鬍和留長髮，平時總是以低姿態與鄰居交往，從不在城裏熱鬧場合中露面。

三角特攻隊創始於一九七七年，卡特任總統時，鑒於恐怖份子日益猖獗，不容坐視，於是效法英國著名的空勤特攻隊(Special Air Service Commando)，以貝可威陸軍上校爲首，選拔菁英，在兩年之內，成立三角特攻隊。不論組織或訓練，都深受英國空勤特攻隊影響。

貝可威上校和他的幕僚擷取各國打擊恐怖份子戰術菁華，制定三角特攻隊訓練教範和科目，其中的重點就在射擊。每一位特攻隊隊員除了生病住院以外，幾乎每天都要練習打靶，矢志練成神射手。

他們的任務要求嚴格，在拯救人質時，更是間不容髮，必須在恐怖份子射殺人質前，一槍先結束了強徒。

在短兵接戰時，目標相距不過三到七碼，時間短得難以計算。特攻隊隊員必須先學習「本能射擊」，也就是快射的本事。相距太近，由於沒有時間瞄準，他們用雙手舉槍伸臂對準面前的目標，兩眼睜開，只將槍口對正他的領帶或放鋼筆的口袋，立刻發射。對付相距七碼以外的目標，就可使用槍管上的瞄準具。練習打靶的槍枝，有四五口徑的手槍、輕機槍和新式的漢可勒·柯克MP-5型輕機槍，以及各種九口徑手槍。

經過多年練習和射擊名手指導，特攻隊本身發展出「快瞄即發」的射擊術。時間雖然很短促，他們仍能用槍管上的前瞄準具先找到目標，再用後瞄準具對正目標，立刻發射。熟練之後，也和「本能射擊」一樣有效。這兩種短距射擊法都是必修科目，有時每人每天要打五百發子彈，學員扣扳機的手指都會抽筋。

恐怖份子都是心狠手辣的亡命之徒，狡猾善變。身負打擊恐怖份子重任的特攻隊隊員，必須能夠臨機應變，智勇雙全才能勝任，因此訓練的方式科目亦與一般軍事訓練不同。爲了對付劫機份子，他們常會派到民用機場見習，瞭解維護和運務人員作業程序，以及客艙清潔員工工作實況，這樣必要時，他們喬裝成這些航空公司員工，登機消滅劫機份子時，才不致露出馬脚。

爲了拯救人質，他們對囚禁人質的場所必須瞭如指掌。他們要會看工程藍圖，知道冷暖氣和管道的位置，並能加以運用。洛杉磯一處報廢了的監獄，曾被他們用爲演練人質囚禁場所，學員在夜間炸毀了鐵門，攻入監內，救出演習人質。

特攻隊對爆破訓練也很重視，使用的炸藥種類和數量，須視不同目標而精確計算。經過多年來的發展和實習，訓練中心編成一册高度機密的「標準爆破手册」，規定不同質料和體積的目標，如何選擇並計算應用的炸藥。如果是鐵門，就要按重量使用工型或H型炸藥裝置，固定在鐵門外面，也可以用薄薄的一片塑膠炸藥貼在門上。炸開門的時機也很重要，通常設定引信點發的時間，要使門的上方比下方先啓爆，門就會向屋裏倒下，特攻隊隊員才可一湧而入；如果下面先啓爆，門會向外倒，可能壓到特攻隊隊員，或使裏面的人質受傷。

須加爆破的目標還有多種牆壁和窗戶。爲了救出德黑蘭美國大使館中人質，特攻隊曾計劃在屋頂上爆破一洞，救出人質，送到鄰近的足球場，搭乘待命的美軍直昇機脫險。他們也要學會用特製小型炸藥破壞轎車或巴士，而不致有傷人或起火的危險。

不過，三角特攻隊費時數月計劃救出美國人質的行動，終因當時缺乏對抗恐怖組織的全盤戰略，又無完備的運輸工具而告失敗。

一九八五年，美國環球航空公司一架廣體客機遭恐怖份子迫降阿爾及爾，三角特攻隊奉命馳援，卻爲阿爾及利亞政府拒絕。各國政府相繼成立打擊恐怖份子組織之後，也多不願借助外力。

此外，三角特攻隊曾在中南美洲執行過幾次任務。爲協助薩爾瓦多杜爾梯總統救出被匪徒綁架的女兒，派遣顧問赴宏都拉斯和祕魯，協助建立對抗恐怖份子組織等。其中最爲世人熟知的，莫過於追緝巴拿馬強人諾瑞加了。

自從一九八九年五月，諾瑞加賄選得逞，布希總統下令一千九百餘名美國陸軍和陸戰隊前往巴國，三角特攻隊與海豹隊第六組亦曾祕密隨往，當時美軍南方指揮部奉命護航和運兵，這兩支特攻隊被部署在巴拿馬運河和陸路交通要點，嚴防巴國國防部隊對美軍動武。後因巴國軟化，雙方未起衝突。特攻隊在巴拿馬城內完成目標偵察後，暫時進駐霍華空軍基地。

三個月後，美國聯邦調查局接獲線民報稱，毒梟艾斯可巴已祕密飛往巴拿馬，可能重新部署販毒組織。美國國防情報署密電特種作戰司令部，艾斯可巴可能與諾瑞加一同潛匿在太平洋濱的托羅島上(Bocas De Toro)。美國司法部當時曾表明態度，聯邦調查局在必要時得在外國境內拘捕罪犯歸案。

特攻隊與海豹隊第六組立即進入緊急待命，布希總統並派遣特攻偵察小組先往托羅島，結果發現所報不實。小島上只有一處原木築成的簡陋小屋，屋後養著些小豬。

十一月間，曾有哥倫比亞人向巴國美大使館告密，自稱曾爲販毒組織工作，並得知梅德林(Medellin)販毒團準備用十部裝滿炸藥的汽車，破壞美軍在巴國的軍事設施，並襲擊南方指揮部，對付司令官佘門將軍，結果又是一場虛驚。

十二月十四日，美國正式進攻巴拿馬前不到一週，三角特攻隊奉派擔任兩項重要任務：逮捕強人諾瑞加和營救美國商人摩斯(Kurt Muse)。

爲了使特攻隊員演練時有身臨其境的眞實感，軍方在距佛羅里達州赫勃機場以西兩百五十哩的路易斯安那州一處廢靶場，建造一座山中別墅，與諾瑞加在埃司康迭達的別墅完全一樣，諾瑞加曾將這座距巴拿馬城約二百五十哩的別墅，用爲臨時指揮部。

擔任第一項任務的特攻隊隊員，除了飛往廢靶場別墅實地演練外，還在鄰近赫勃機場的愛格林空軍基地不停的演練。早在一個月以前，情報單位已將諾瑞加在美軍發動攻擊時可能藏身的所在，在那基地召工做成比例尺相等的翻版，室內樓梯的寬度、門鎖的位置都和原屋一樣。

摩斯被捕的罪名是爲中央情報局祕密電台工作，他被巴國國防部隊監禁在巴拿馬城莫代洛監獄。那座監獄有三層樓，摩斯被關在二樓。美國軍方依據情報，照樣建造一座三層樓房。特攻隊按計劃演練營救行動。美國特種作戰司令林繼賽將軍並曾親臨視察。

美軍對巴國發動攻擊當晚，三角特攻隊對幾處諾瑞加可能藏身的地方同時進行突襲。前一天，監視諾瑞加的情報人員就失去他的蹤跡，以致特攻隊都撲空了。原來他祕密的潛身在特庫門機場旁邊一家旅館中，等到去追捕時，又讓他狡猾的逃脫了。後來他從隱身的教廷使館中自行投案，正值聖誕夜。一月三日，他才向美軍投降。

拯救摩斯的任務，經過多次實習演練，終於完成了。

十二月十九日午夜零點四十五分，美軍對巴國發動攻擊前幾分鐘，由三角特攻隊資深士官郝利率領一個小組，在莫代洛監獄前解決了兩名衛兵，一輛輕裝甲汽車載著特攻隊隊員駛近監獄門口，一架小鳥型直昇機幾乎同時降落在監獄樓頂，跳下四位身穿黑色制服，頭戴黑色頭盔的隊員，他們手持有雷射瞄準具的新式 MP-5 五衝鋒槍，戴著夜視眼鏡，迅速的炸毀兩道鐵門，衝到二樓。

摩斯已被衝鋒槍和爆炸聲吵醒，連忙將衣服穿上，平躺在牢房的地上。他看見一陣閃光和煙霧，忽然又靜了下來。這時他聽見有人在喊他：「摩斯，你沒問題吧？」

「沒問題！」摩斯也喊著回答。

「躺下！」特攻隊隊員命令他：「我們正要把門炸開。」

門被炸倒了，空中飄起一片硝煙。

特攻隊隊員衝進來，給他戴上安全頭盔，穿上防彈背心，然後把他帶上三樓。他在途中看到至少有五名守衛躺在通道上，他們沒來得及反抗，就被從三樓衝下來的特攻隊隊員射倒了。

特攻隊隊員和摩斯登上停在屋頂的直昇機，兩位隊員夾著摩斯坐在機艙中，機外兩旁的落地支架上攀掛著六位隊員。直昇機立刻升空，卻被衛兵的步槍擊中，駕駛員努力保持高度，直昇機繼續向下衝，到只有兩層樓高時，又挨了一陣槍，直昇機支持不住，立刻墜落街上。

攀掛在左邊支架的三位隊員，以及艙內另一位隊員都受傷了。幸虧一輛輕裝甲車及時趕到，把全體隊員和摩斯都救走了。

三角特攻隊的組織迄今仍屬機密，隊員的姓名亦從未透露。目前僅知，特攻隊指揮部下轄三個中隊，指揮官和副指揮官由陸軍上校及中校分任，中隊長也是中校官階，下有三到五個分隊，分隊長由上尉或少校擔任。每一分隊有十五到二十一位隊員，並由士官長擔任副分隊長，下分特攻小組數組，各由四至六位隊員組成。

特攻隊隊員均為資深士官。每一分隊中約有三分之一是狙擊手，專精遠距離射擊，並有熟諳水性和跳傘的隊員，另外也有不少精通登山和駕車的好手，可依任務性質，機動編成特攻小組。

一九八九年間，三角特攻隊指揮部增設飛航中隊，也就是第四個中隊，隊部設在維吉尼亞州一處祕密基地。中隊擁有十二架 AH-6 型攻擊直昇機和 MH-6 運輸直昇機，區分為紅、藍、綠三個分隊，配合特攻隊執行任務。至於遠距離作戰，仍賴空軍特種作戰司令部與陸軍第一六〇航空團支援。

飛航中隊直昇機的外觀與民用的並無不同，編號則是虛設的，火力配備隱藏在機艙中，使用時可移到機身兩側，對機外目標射擊。

第五個是支援中隊，下設行政、財務、後勤、作戰、訓練、醫務、武器研究發展等科外，還有一個技術與電子科，負責裝備竊聽和監視器材，將恐怖份子的通話和行動，祕密錄音錄影。

此外，對目標情報的蒐集，曾仰賴美陸軍情報單位，現在三角特攻隊已有自己的情報科，在小組實施攻擊之前，潛入國外，搜集有關目標的最新資料。同時，情報科與中央情報局、國防情報局也利用電腦連線，互通訊息。

關於特攻隊隊員的甄選，向來頗爲神祕，只有過來人才知道一些內情。每當兩年一次甄選隊員時，行政科派員先往密西根州聖路易城陸軍人事中心，調閱特種部隊和突擊隊的人事資料，從中選出優秀的尉官和士官，編成名册，然後寄信通知他們，如有興趣加入特攻隊，可來電話連絡。

人事科接到來電後，派員到各地會晤應徵人員，並進行體能測定，包括游泳，要求的標準比一般陸軍高出百分之二十。並且要能跳傘，體能合格而不會跳傘者，先送空降學校接受跳傘訓練。

通過體能測定並具跳傘專長，方可前往維吉尼亞州西部的道生營(Camp Dawson)，接受爲期一月的預備訓練。

預備訓練中，受訓人員須接受陸地目標定位、心理測驗以及隔離孤立，同時加強體能及游泳練習，複習地圖判讀和巡邏等步兵科目。

心理測驗的目的在選出個性穩定而有寄託的人：有宗教信仰、熱愛家庭或具充分自信。醫生要從幾百道問題中找出正確答案，拼湊出一幅心理畫像。他心目中的對象，心理方面一定要平衡：特攻隊隊員不是隨便開槍的殺手，也不能有半點猶豫而誤了戰機。

心理測驗之後，受訓人員必須交出一篇詳盡的自傳。

第二週開始行軍訓練，背負沉重的背包，不許走大道，只可在叢林中摸索，要走到十八哩外的目的地。

規定夜間出發，走到指定宿營地點，並在次晨六時起床，繼續前行，每天只吃兩餐。在以後的十八天中，受訓人員會分成四人一組，各自向不同目標前進，教官不限定到達時間，只關照他們儘快到達，以測定各組的成績。

他們背著背包，一手持槍，一手端著指北針，在叢林中向前竄，衣服被樹枝刮破，手脚也被擦傷，經過幾個小時，才到達指定地點。教官見了他們，也不講評，只在筆記本上寫下時間，就給他們下一點的經緯度，要他們繼續前進。

受訓人員沒有自己的名字，教官只用顏色和編號來稱呼他們，今天是黃五號，明天也許是綠十九號。有時候全仗軍用口糧度日，每天行軍的時間也不一樣。總之，當受訓人員筋疲力盡，精神上備受冷落孤獨之苦時，教官在一旁冷眼觀察他們，有無足夠毅力克服身心外受的苦難。

教官甚至在監視他們行軍時，用照相採證，如果他們取巧在道路上行進，被教官偷拍照片又不肯承認時，就會遭淘汰。

預備訓練結束時，約有四分之三受訓人員會被淘汰或自請退訓。通過訓練的學員，還要在以後兩天中，完成四十哩的越野行軍。這次不必在叢林裏鑽，走的都是彎曲的山間小路。

晝夜不停的走完四十哩路，還要分秒必爭，計算成績。卡車在終點把他們送回營房時，個個都已脚上起泡，疲憊不堪了。

接著要做一項讀書報告，在十八小時之內看完一本書，並寫出心得報告。看看他們的思考在身體疲勞時是否正常。然後再通過一次心理測驗和心理談話，就等最後的長官口試。

長官口試由特攻隊指揮官親自主持，五位中隊長全體出席，學員面對環繞他的長官，坐著回答問題。長官桌上放著學員名册、受訓成績、心理測驗報告等個人資料。

長官提出的問題未必都合情合理，比如說，如果你奉派到洛杉磯暗殺三名知名的恐怖份子，你會按命令行事，還是會質疑這項任務的合法性？假定有人向你提供足以影響國家安全的重要情報，但要你做他的同性戀人，你肯嗎？

這些問題並無標準答案，主要是測試學員當時的反應，以及緊張的程度。自然和他的口才有密切關係。

口試完畢，官員們密集一室，表決通過合格學員，訓練和心理測驗負責人列席備詢，隨時提供意見。

經表決通過預備訓練的學員，才有資格接受爲期六個月的作戰訓練。選拔、考核和預訓的成績在長官口試後，加封密存。學員本人或他人就永難得知其中奧祕了。

在爲期半年的突襲和祕密活動訓練中，開始時先上學科，訓練學員的記憶力，使他們能在極短時間內，記住所見機密文件的要點和內容。並有形像課程，教學員如何穿著，在國外方不致引人注意。心理教官指導他們如何減少壓力，保持輕鬆自在。還要用三天時間，學習快艇操縱和汽、機車駕駛，從攻擊中脫險。

然後用五週時間複習步槍基本射擊，練習本能射擊、快瞄即發技能和近距離戰鬥。大半時間都用在實彈射擊方面。

接著以六週時間用於研習步兵高級技能、急救藥物使用、祕密活動、通信裝備種類與使用方法。

後面九週，用於特攻隊突襲和救人作戰的主要訓練。他們要在「恐怖之屋」射擊靶房，練習飛簷走壁、爬窗翻牆的多種技能。分成四人或兩人一組，演練襲擊和近距離戰鬥。由直昇機中跳落房頂時，因爲槳葉繼續旋轉，造成陣風，必須立即伏地，才不致被陣風捲走。他們亦要練習用特製繩索，由直昇機中快速滑降，以及懸身攻擊直昇機兩側支架上，向地面目標射擊。

此後六週分別用爲保全和祕密活動訓練。前三週保全訓練，採美國祕密勤務部(Secret Service)教材，學習保護文武高官的安全、車隊的安全管制，以及如何發現陰謀暗殺的武器和埋伏的殺手。

最後三週，學員要學習祕密活動，如何做一名間諜。需要學會的本領眞不少，包括勘察、照相、監視與跟蹤。另外，還要學如何利用中間關係，實施祕密通訊，如死樁(Dead Drop)的設置與收取。由中央情報局負責提供教材與師資，並指導實習。

結訓前按例舉行爲時一週的演習，學員奉派到從未去過的大城市，如休士頓和芝加哥，實習祕密活動，教官在暗中監視他們的行動，隨時照相存證。

有一次演習教官交給學員一個裝滿現鈔的信封，要他轉交某關係人，人名和指示卻藏在另一地點，會面時間則用膠紙密貼在某處公用電話亭內，學員要遵從指示一一照辦。

這種演習也會出現意想不到的結果。在使用死樁——一個事先約定，祕密而不爲人注意的固定物——過程，巧破了一宗販毒案。學員按照指示，到一家大商場中的一盆觀葉植物下面收取密件時，卻發現一批毒品。原來是雙方共同使用了同一死樁。

學員結訓後，分發到三角特攻隊，編入戰鬥小組，正式成爲特攻隊隊員，可是練習和複訓始終不會停止，也可選擇適合自己性向的技能深造，增加專長，如果喜歡接近科學，就可向爆破方向發展。三角特攻隊不僅包容，甚至鼓勵不同性格的隊員，同舟共濟一同爲國效勞。

三角特攻隊一位官員曾說過：「他們雖像一羣野馬，但是完美無瑕的表現，始終是他們一致努力的目標。」

相信這句話是不會有人否定的。

第二篇　沙漠風暴

第五章 邁向戰爭之路

一九九〇年八月二日，美軍特戰部隊司令史汀納將軍，在維吉尼亞州蘭格雷城中央情報局總部，會商美以雙方即將共同舉行的一項演習時，一位副官送來一份通報，伊拉克已於當天午夜二時向科威特發動攻擊，裝甲部隊已開入科國國境。史汀納將軍並不驚訝，他的情報部門在一個月前曾向他提出報告，伊拉克部隊在科威特邊界集結，蠢蠢欲動。中央情報局亦曾向白宮報告，伊拉克以武力威脅科威特不得在石油國家會議中堅持對油價的意見。

史汀納將軍本人對中東方面頗有經驗。他對全球情勢隨時注意，尤其是充滿火藥味的敏感地點，因爲他所指揮的特戰部隊隨時可能奉派出發。關於對付伊軍入侵科國，他在七月間已有所籌劃，準備派員前往美軍中央司令部，加強特戰參謀作業；並曾昭告幕僚做好應變準備。他覺得伊拉克一旦對科國發動攻擊，美國就會武力對付伊拉克，同時也要提防伊拉克報復，對美國發動恐怖攻擊。

史汀納由蘭格雷城匆匆飛返佛羅里達州馬克地的司令部，應變小組已經編排妥當。

緊鄰布雷格堡的波普空軍基地西南角，設有美軍聯合特戰指揮部，隸屬特種作戰司令部，負責反恐怖作戰，指揮三角特攻隊及海豹第六組等機密單位。指揮官唐吟少將與以色列特戰官員定期舉行會議，合作無間。

美以雙方特戰官員在會議中得悉伊拉克進攻科威特，大家立即對這項新聞展開熱烈討論。以色列對兩國情形非常熟習，他們並曾研訂假道約旦攻擊伊拉克西部，牽制伊軍東進的計劃。亦曾祕密訓練特戰部隊，企圖摧毀部署在沙漠中的「飛毛腿」飛彈陣地。

以色列特戰官員對伊拉克的地理環境、風土民情都有充分了解，對伊拉克的作戰能力，包括聞名的共和警衛軍、首都保安部隊，都向美軍提出報告。

會中也討論一些與他們任務相關的敏感話題，諸如巴格達美國大使館會不會被圍，如何設法施救。如果要對海珊下手，計劃時應注意哪些要點。

聯合特戰指揮部最近完成一項大演習，地點在德克薩斯州和新墨西哥州的沙漠裏，參加的部隊有三角特攻隊、陸軍突擊隊、陸軍第一六〇特戰直昇機團、空軍特戰中隊的空中加油機都出動了，演習目的在測試遠距離聯合特種作戰能力，演習任務是特戰部隊深入中東某國，摧毀戰略目標。如果特戰部隊一旦奉命參戰，這次演習實在安排得太巧了。

美軍中央司令部與美軍特戰司令部同駐馬克迪，兩者關係都不甚融洽，中央司令部司令史瓦茲柯夫將軍出身步兵，看重裝甲部隊，對特種作戰並不重視，亦不求甚解，對新聞報導和評論卻相當重視。他本人是個歌劇迷，曾在越戰中榮獲兩枚銀星勳章，並能說流利德語和法語。他色厲心慈，深得軍心。他本人與特戰司令史汀納私交卻不錯。

史汀納將軍曾在進攻巴拿馬戰役中立功，升任特戰司令不過三個多月。他與前任司令林德西將軍，均曾統御第十八空降軍，及其所轄的第八十二空降師，史汀納將軍出任特戰司令，也是林德西將軍舉薦的。

史汀納將軍出生田納西州拉浮列小城，居民非常愛國，多以從軍報國爲榮，他自幼立志要做軍人，專科學校畢業後加入陸軍，當年只覺得能升到上尉就不錯了，從未想到自己會當上將官。

他是一位智深勇沉的好長官，愛護部下，並有知人之明，和小兵交談幾句，就比小兵的班長還瞭解他。他的南方口音很重，又喜歡用鄉間俚語。

他曾在越戰中作戰受傷，一九八三年升任准將後，曾奉派密赴貝魯特觀察，作爲聯合參謀首長聯席會議耳目。兩年後，升任聯合特戰指揮部司令，曾爲劫機事件與義大利軍方發生摩擦。當年一架埃及航空公司客機遭劫持，降落西西里義國空軍基地時，被史汀納將軍的三角特攻隊包圍，直昇機在客機上空盤旋，隨時準備空降制服劫機犯。後因義國政府准許劫機犯乘坐被劫客機轉飛羅馬，而奉美方指示放棄任務。

一九八九年，美軍南方司令部司令佘門將軍，徵調當時任第十八空降軍軍長的史汀納將軍，出任進攻巴拿馬的地面部隊指揮官。他果敢的發動夜間奇襲，因爲他本人曾受特戰訓練，擔任奇襲作戰的又以特戰部隊爲主，實現了佘門將軍速戰速決的意願。

伊拉克進攻科威特一週後，史瓦茲柯夫將軍接獲間諜衛星傳來的第一批照片，顯示伊拉克T-72型戰車與機動砲隊，經科威特向沙烏地阿拉伯邊界駛去。聯合首長會議主席鮑威爾將軍和史瓦茲柯夫，都認爲美國作戰部隊必須盡速進駐，保護沙國，以遏止伊拉克繼續南侵。布希總統認可後，立刻展開大規模的三軍部署。

史汀納將軍和他的情報幕僚，認爲伊拉克西北山區的庫德族與政府軍長期對抗，是游擊戰理想的組訓對象；南部平原又有基本回教什葉派，對海珊獨裁統治不滿已久；還有軍中對海珊不滿的份子不在少數，都可用爲對伊國進行游擊戰的有利條件。

被伊軍佔領的科威特，至少已有四個游擊組織，分別由科威特國防部及內政部、美中央情報局及沙烏地情報單位控制。美特戰司令部可以居中協調組合，並派遣三軍特戰隊隊員潛入科國，加強組訓，展開游擊戰，擾亂打擊伊國佔領軍。至少在美軍完成大規模中東部署之前，使伊軍侵沙野心難以實現。

史瓦茲柯夫將軍當時一心想用戰車和大砲，築成一道堅強的防線，保護沙國的安全，並未重視史汀納的建言。不久，雖由科國傳來游擊隊伏擊伊軍車隊成功、炸毀伊軍指揮部得手等戰訊，終因缺乏統一指揮和協調，補給支援又不足，音訊亦漸趨沉寂。

關於支援伊國北方庫德族加強對海珊進行游擊戰，也遭鄰國土耳其反對，深恐庫德族日益壯大，對其本身不利；至於支援南部什葉派，沙國王子唯恐日後什葉派和伊朗的反利亞德穆拉派結合，而不表贊同。

等到九月中旬，衛星照相顯示海珊已改變侵沙計劃，準備據守科威特，同時對游擊組織展開全面搜捕，公開處決游擊隊員，不少科國愛國志士慘遭屠殺。抗暴活動一時銷聲匿跡，只剩下極少數祕密電台，繼續向沙國情報單位密報伊軍軍情與陣地部署。

中央情報局曾訓練並派遣阿拉伯情報員潛入科威特，組訓當地游擊隊員，建立祕密電台，向盟軍報告敵情與轟炸目標情況；並曾組訓約五十名科威特情報員，潛回國內，建立盟軍飛行員逃亡計劃及路線。結果效益不彰，並未發揮預期作用。中情局爲在伊拉克西部建立相同逃生路線，曾組訓約百名阿拉伯情報人員，潛入伊國工作。結果亦不如理想。

如果史汀納將軍當年建議的盡速加強支援及組訓科威特抗暴活動爲華府及五角大廈接納，科威特游擊組織不致慘遭覆滅，「強暴科威特」和縱火焚燒油井等暴行也不致發生。

在五角大廈二樓一間辦公室中，參謀首長聯席會議增設了特種作戰處，負責策劃高機密特種作戰，其幕僚集特戰、情報及祕密活動菁英於一堂。特種作戰處的籌劃小組選擇伊拉克境內重要軍事目標，擬定美軍特戰部隊滲透敵後予以攻擊摧毀的各項計劃，其中曾有一項絕對機密的計劃，那就是暗殺海珊。

籌劃小組組員曾赴華府與中東及伊拉克問題專家會商，除了檔案資料外，他們需要知道接近海珊的密友，他周圍有些什麼人，安全護衛如何部署，和他的社交習慣等項。

他們知道海珊的保鏢和安全人員很多，不宜派遣特攻隊隊員襲擊。鑒於二次大戰中，美軍曾成功的攔截摧毀了日本海軍山本五十六大將的專機，將其置於死地。策劃小組就將這項計劃命名爲「山本謀略」。

海珊生性狡猾，對保密和安全都有很高警覺，他的行蹤無法由無線電截聽得知，而且居無定所，時常在旅行車中辦公和生活。他至少有十部這種經過改良的旅行車，分布在巴格達，東南方的巴斯拉和科威特市內。車內通訊設備齊全，他可以隨時與將校保持聯絡，指揮作戰。

海珊平常喜歡乘直昇機由巴格達到巴斯拉，然後換乘改良旅行車，經公路南行到科威特。策劃小組準備接獲間諜衛星情報，得知海珊登機後，派遣特攻隊隊員密赴伊國與科國邊界，待直昇機出現在射程內，由特攻隊隊員在地面發射刺針飛彈將其擊落。

但是，當時美軍尚未正式參戰，如果「山本謀略」實現，美國和全球人民都會覺得這顯然是政治性暗殺。

史瓦茲柯夫將軍亦不贊成這項行動。他認爲一旦特戰隊隊員在敵後被伊軍發現，他必須派軍前往救援，事態必將擴大。部署尚未完成之前，他不願與敵軍開戰。

十一月間，布希總統和他的高級顧問一致認爲，美軍和伊軍難免一戰，這項消滅海珊計劃就此擱置。

不過，白宮方面對空軍提出的轟炸目標，包括海珊的住宅、指揮部以及他可能藏身之處，都獲批准了。顯然是海珊若在轟炸中喪生，就不需找其他藉口了。

空軍本身也有一套「山本謀略」。自從一九九一年一月十五日，布希總統簽署第五十四號國家安全令，爲驅逐侵科伊軍、恢復並維護波斯灣安全，美國不惜一戰。兩天後，就發動了「沙漠風暴」作戰。

美國空軍名正言順的展開「山本謀略」。F-15型鷹式戰鬥機擔任波斯灣巡邏任務時，如果收到「何奈・巴斯特」的密語時，必須立即按雷達指示，將發現的伊機擊毀（何奈及巴斯特是波灣戰爭兩位美空軍將領的姓和名拼成）。這密語就表示海珊在飛機上，美軍戰鬥機必須盡一切可能將其擊落，縱然油量不足，也要先摧毀海珊座機，再設法迫降。

到了二月間，接獲一項情報，海珊可能乘機飛返故鄉梯克里特。結果這個獨裁者並未乘坐飛機。還有一次，海珊乘車由科威特向北行進，中途遭美軍戰鬥機掃射，他坐的是車隊中一輛軍車，事先並無情報，又讓他僥倖的逃過一關。

史汀納將軍曾極力主張在波灣戰爭中發揮特種作戰功能，甚至向華府及五角大廈建議，將聯合特戰指揮部遷駐沙烏地，進行特種作戰，輔佐史瓦茲柯夫將軍對伊軍正面作戰。五角大廈命史汀納將軍直接與史瓦茲柯夫商談，終爲後者婉拒。一山難容二虎，兩位都是四星上將，自然在指揮統御上都有困難。

史瓦茲柯夫將軍同意運用特戰部隊，但以支援正規軍作戰爲限，如前哨斥堠、情報搜集；海軍海豹隊協助清除波灣中伊軍埋設的水雷；空軍「貼地飛」駕駛員擔任敵後滲透任務，但僅限於搭救遭擊落的美國飛行員。

整個波灣戰爭中，共有七千七百零五位美國空軍特戰隊隊員參戰，包括唐吟少將率領的一支三角特攻隊。另有一千零四十九位特戰隊隊員駐土耳其待命搭救美國飛行員。他們都能奮勇作戰，達成任務。史瓦茲柯夫將軍對特殊的敵後作戰很謹慎，必須經他本人特准。

「沙漠風暴」作戰雖然大獲全勝，但是白宮方面唯恐輿論抨擊濫殺阿拉伯人，而制止美軍乘勝追擊。海珊趁機整頓殘部，全力鎮壓北方庫德族及南方什葉派教徒。空軍「山本謀略」出師未成，海珊今日仍能統治伊拉克，頑強如故。當年用兵旨在推翻獨裁政權，民主國家仍須繼續努力。

第六章 鐵砧作戰

一九九一年一月十六日，地點是沙烏地阿拉伯西北角阿爾喬機場，美空軍李奧尼少校駐防在這荒涼的小鎮。這裏北距伊拉克邊界只有一百三十哩，沙烏地空軍特准美空軍用爲前進整備基地，準備對伊拉克展開空軍作戰。

駐防在此的有空軍第二十特種作戰中隊，柯默中校的 MH-53J 型「貼地飛」直昇機隊，以及陸軍第一〇一空中攻擊師的 AH-64 型阿帕契反坦克直昇機隊。

這個小機場已年久失修，一座木造已廢棄的航空站，週圍有不少帆布帳篷。地下室彈藥儲藏庫改成零件庫房，又因發現有蛇，只得遷往他處。李奧尼和他的隊員們，目前住在小鎮上的一家公寓裏，有地毯、電視和廚房，稱得上高級享受。他們進駐阿爾喬機場之前，曾在東南方離此七百二十哩外的法德國際機場住過帳篷。中隊長柯默中校認爲與部下共患難，才能提高士氣，發揮團隊精神，所以他與部份隊員，就住在阿爾喬機場帳篷中。

李奧尼是底特律人，密西根州立大學法學系畢業，曾服務巴爾的摩警局，返母校進修法學碩士後加入空軍。他曾駕駛「輝」型直昇機三年。接受固定翼飛機飛行訓練時，因鼻竇患病，到高空就會流鼻血。退訓後，申請加入「貼地飛」直昇機隊。他生性愛好古典音樂，覺得駕駛「貼地飛」好似指揮交響樂團，複雜的導航系統、電腦、鐳射、紅外線感應器，多種儀表都是相輔相成的，如同樂譜上複雜的音符；同機組員有如交響樂團團員，各自專心自己的工作，在機長的指揮下，方能和諧完美的達成任務。

兩星期以前，李奧尼第一次聽到「鐵砧作戰」的機密代號，可是他們已經爲這項任務，接受了五個月的特種訓練。「鐵砧作戰」的目的，在運用新式導航裝備的「貼地飛」直昇機領先帶路，並用高科技電子儀器干擾伊軍雷達站。在一百呎以下的低空夜航，定時定點到達目標——預警雷達站上空，隨後跟來的阿帕契攻擊直昇機，集中火力將雷達站摧毀。

價值一千五百萬美元的阿帕契，火力強大，配備十六枚「地獄火」式對地飛彈、七十六枚火箭、四枚空對空刺針飛彈，還有一千二百發三十厘米的彈藥。

他們要在伊拉克雷達防空網上開出一條走廊，讓空軍戰鬥機長驅直入，摧毀「飛毛腿」陣地，使伊軍措手不及，無法向以色列發射「飛毛腿」飛彈。

自從兩天前，柯默中校率領第二十特戰中隊直昇機，進駐阿爾喬機場以來，他們知道攻擊伊拉克如箭在弦上，在所難免，這裏離開他們預定攻擊的目標近多了。

柯默中校在機場指揮室與他的上司歐列爾上校——第一特戰聯隊副聯隊長——交談之間，忽然接到來自沙烏地法德機場的電話，聯隊長命令他們今晚開始行動。

歐列爾上校面帶微笑的把這項命令告知柯默中校，兩人都覺得消息來得太快，簡直令人不敢相信。柯默中校既興奮又激動。上級要他們在一月十七日午夜三點出動，在「沙漠風暴」對伊拉克發動總攻擊前二十二分鐘率先發難，點燃這場戰火。現在離開出動時間，只不過十二個小時。

他們兩人快步走出指揮室，乘車先到第一〇一空中攻擊師機坪，在一架阿帕契攻擊直昇機中找到營長寇迪中校，他正在監督機械人員檢查維護。他從十年前就與阿帕契結緣，不但作戰英勇，對機械維護也深具經驗。他這次奉命率領八架攻擊直昇機協同作戰。

歐列爾上校將發動攻擊的時間告訴寇迪中校，他非常興奮，立刻著手準備，並約好晚上再會商。歐列爾和柯默也各自分頭去作必要的準備。

柯默中校出生北卡羅林那州西部的一個小鎮，空軍軍官學校畢業後兩年，曾駕駛直昇機參加巴拿馬戰役。一九八六年開始駕駛「貼地飛」直昇機，升任第二十中隊隊長僅兩個月，就奉派到沙烏地駐防。他個性內向文雅。寇迪中校出身陸軍，西點軍校畢業，個性外向，明朗爽快，倒像空軍戰鬥機的飛行員。他駕駛陸軍直昇機已有十四年，多半時間擔任試飛員。唯一的巧合，是他倆的家人都是由黎巴嫩移民到美國的。沒想到波灣戰爭點燃戰火的竟是兩位阿裔美國人。

柯默中校在停機坪上找到李奧尼，立即把這項命令轉告他，要他一小時後到自己的帳篷中集合。

李奧尼怔了半晌，然後趕到他住宿的公寓，向同住的組員作了簡單的講解，大家拿起個人裝備，回到機場。「貼地飛」的機械員正繞著直昇機忙著檢查。李奧尼覺得很興奮，也很光榮，這正是一項特戰飛行員夢寐以求的任務。他們已演練過許多次，途中每一個檢查點都記得清清楚楚，經緯度亦早已標明在航行日誌中。他走到情報室取了最新的敵情報告，然後到中隊長柯默的司令營中集合。

下午四點三十分，「貼地飛」中隊全體官兵齊集帳中，中隊長柯默中校深深吸了一口氣，對大家宣佈：「鐵砧作戰預定今晚出動，攻擊發起時刻是半夜三點，『貼地飛』準一點出發。」大部分官兵毫不知情，不免引起一陣騷動。

預定摧毀的兩處預警雷達站，裝配俄製雷達，都在伊拉克和沙烏地交界附近，兩處相距約三十哩，同時加以摧毀，使敵人無法向巴格達報警。

伊拉克擁有第三世界國家最新式防空系統，以法製卡利防空裝備爲主。全國共分爲五個防空管制區，管制區各設作戰中心於地下三十呎之處，根據遍佈各防管區預警雷達站報來敵機情況，研判臨敵機時作戰中心，可直接下令各攔截中心起飛殲敵。同時將敵機情況轉報巴格達防空中心，這中心隨時協調各管制區作戰中心，掌握全國防空。管制作戰中心除可派機攔截敵機外，還可視情況需要，下令發射地對空俄製飛彈迎擊敵機。

經多方研究，伊拉克雷達防空系統亦有其弱點，預警雷達受性能限制，兩站彼此涵蓋不夠嚴密，就會出現漏洞。依據美國間諜衞星及 RC-135 型空中預警飛機所獲電子情報，顯示伊拉克西南方兩處預警雷達站就有這種弱點，如果「貼地飛」和攻擊直昇機聯手出擊，將其一舉摧毀，就可開闢出三十到八十哩的雷達失效區。「貼地飛」直昇機在一百呎以下的低空領頭潛入，雷達受限於死角，是無法預先發現的。

不過，把握時機才是成功的要素，兩處預警雷達站必須在半夜兩點三十九分摧毀，讓外號「黑蝙蝠」的 F-117 型隱形轟炸機，有二十一分鐘時間飛臨巴格達上空，在三點整，也就是空軍攻擊發起時刻(H Hour)對伊拉克首都各重要司令部、防空及通訊中心進行轟炸。F-117 型隱形轟炸機是用特殊材料製成，防空雷達很難事先偵測到它的行蹤。

兩點四十一分，兩處預警雷達站被摧毀後兩分鐘，十四架 F-15 鷹式攻擊戰鬥機、四架海軍 F-14 型雄貓式攔截機和一架 EF-111A 型雷達剋星戰鬥機，預定經由「貼地飛」和攻擊直昇機在敵人防空網開闢出的「安全走廊」，直撲在約旦邊境部署的固定「飛毛腿」飛彈發射陣地。伊拉克爲了對付以色列，在 H-2 號油井附近，部署了九處「飛毛腿」陣地。

他們預定在三點零二分攻擊並摧毀這些陣地，也就是 F-117 型機轟炸巴格達後兩分鐘，使敵軍驚慌失措，顧此失彼，沒有時間命令「飛毛腿」發射。如果這一切都能按照計劃準時達成，防空及通訊中心亦被 F-117 型戰機摧毀，F-15 型戰機當可長驅直入，炸毀「飛毛腿」陣地。

實際上是否能做到如此精確？兩處預警雷達站倘不能同時摧毀，其中一處雷達站就會發出警報，整個防空系統就會立即進入作戰，攔截機和地對空飛彈都會迎頭痛擊入侵的美軍戰機，敵軍也會同時對以色列發射「飛毛腿」飛彈。

其實早在四個月以前，已開始「鐵砧作戰」的計劃作業，原先的構想是運用特戰部隊，由地面滲入敵境，摧毀預警雷達站。後因史瓦茲柯夫將軍反對，而考慮改用空軍 F-117 型隱形機轟炸。

這型轟炸機能攜帶威力強大的攻堅炸彈，更適於摧毀敵軍地下防空作戰體系，才決定運用「貼地飛」和「阿帕契」攻擊直昇機聯手出擊，先摧毀伊軍預警雷達站。

柯默的「貼地飛」和寇迪的「阿帕契」，曾在沙烏地法德機場南方的沙漠中接受訓練。先是各自練習不同高度編隊飛行，然後兩種直昇機開始混合訓練，「貼地飛」在前，阿帕契在後，練習低空編隊、長途夜航等科目。「貼地飛」駕駛員將沿途經過的檢查點座標標定在航行圖上，並熟記附近的特殊地形。「阿帕契」駕駛員將目標雷達站做成模型，通過沙盤推演，利用地形，選擇最有利的攻擊隊形。他們亦要瞭解伊拉克西南部的氣象變化，盛行風向，以免偏離航路。

「貼地飛」要運用特有的導航系統，精確的飛到離目標五至八哩的攻擊點，「阿帕契」就由此點運用它本身的導航裝備，在一分鐘內對正並鎖定目標，按下電腦操作發射器，繼續向目標直飛。「地獄火」飛彈只需二十秒，就可摧毀目標。

這個攻擊點對「阿帕契」太重要了。如果直昇機確在攻擊點上空，目視看不到目標，在駕駛艙內只要將目標的座標預先輸入電腦，紅外線感應器會自動對正它，駕駛員就可由螢光幕看到目標。可是，如果偏離了這一點，電腦就無法知道你所在的座標，亦不能幫助你對正目標。在每秒必爭的情況下，事關任務成敗。

後來還是「阿帕契」的一位空勤機械員想出一個補救的方法。當前面的「貼地飛」到達攻擊點上空時，由機尾槍手投下一束夜間發光的化學棒。阿帕契看清楚攻擊點之後，通過它的上空，電腦就會立即使紅外線感應器對正目標。

經過實際飛行演練，這項夜光棒標示攻擊點的方法果然有效。又通過六次實兵演習，結果都令人滿意。在十一月間一個夜晚所舉行的一次結訓演習中，「阿帕契」攻擊直昇機共發射了價值二十五萬二千美元的「地獄火」飛彈，將整個靶場都打得稀爛，不堪再用了。

在中隊長柯默的司令營中，「鐵砧作戰」任務提示繼續進行。柯默中校宣佈了出動時間和攻擊目標後，接著說明任務編組和目標分配：

代名諾曼第空中特遣隊，由四架「貼地飛」和八架「阿帕契」組成，兵分紅、白兩組，各爲兩架「貼地飛」和四架「阿帕契」，紅組「貼地飛」分別由馬丁及浦西弗上尉駕駛，目標是伊拉克境內，南距沙烏地邊界約十五哩的西雷達站；白組的兩架分由李奧尼少校和金司禮上尉駕駛，目標是在伊境內約二十哩的東雷達站。柯默中校則在李奧尼駕駛的「貼地飛」副駕駛座上，擔任總指揮。兩架「貼地飛」中的一架作爲備用，萬一發生故障或遭敵擊中，備用的一架可以立即繼續完成領航任務。

柯默中校接著規定使用的通信聯絡波道，強調通話保密，必須使用密語。任務提示完畢，他勉勵全體直昇機組員：

「大家已演練過許多次，我相信你們都是最佳人選，也是我最可信賴的戰友。我可以向大家保證，一定能圓滿達成任務。」

李奧尼少校曾駕「貼地飛」參加過巴拿馬戰役，爲人沉著冷靜。從司令營聽過任務提示後，他將自己的直昇機組員集合在一起，作完必要的講解，並且要求他們保持鎭靜，注重團隊精神，不可有英雄主義。

十一點半了，再有一個半小時，「貼地飛」就要出動了。李奧尼少校將最新的敵情報告分發給駕駛員，將航行日記交給空勤機械員謝里夫，他對「貼地飛」複雜的導航系統，以及機械維護都十分熟悉，而且經驗豐富。在飛行途中，機械方面有些小毛病，他準有辦法把它弄好。

右側觀察員兼槍手賴司是新進組員，左側皮爾斯到隊也不久，機尾機槍手蘇默司資格最老，不但射擊技術高明，在長途航行中，他也總會爲大家準備口糧和飲水。

李奧尼和柯默進入駕駛艙之前，謝里夫已將檢查點的座標，輸入駕駛台中央的任務電腦。現在，他在調整「前瞻」紅外線雷達，還有其他導航用的感應器。通訊員在檢查機艙左側各型通訊機所用的密碼和密語是否正確。

柯默中校、李奧尼少校和機械員謝里夫在駕駛艙中，一邊唸，一邊做，做完了飛航前檢查和引擎起動檢查，就把引擎發動了。接著做好滑行檢查，地面人員移開輪檔，「貼地飛」開始向跑道滑行。時間是午夜一點差幾分。

機身兩側和機尾的觀察員輪番報告，機外安全無障礙物。

飛機後艙內的燈光已熄滅了。機尾觀察員蘇默司可以看到隨後而來的四架阿帕契，由白組領隊寇迪中校率領，他們會隨兩架「貼地飛」先行起飛，因爲目標較遠。紅組的直昇機將在白組起飛後七分鐘升空。

李奧尼開始向組員提示：「我們起飛後，向二七〇度航行。先做馬力測試，要達到百分之一百一十七的動力要求，然後做原地留空自動結合器測試。」

李奧尼少校希望全機組員都能保持冷靜，他把語音放低，慢慢的講。他們的第一個檢查點就在阿爾喬機場跑道盡頭。謝里夫把機上導航系統的雷達和感應器都對準這出發點，並在它上空通過，「貼地飛」的電腦才會準確的計算，並顯示出到下一點的航向和速度。

白組的金司禮上尉在前領隊，李奧尼緊跟在後。兩架「貼地飛」準確的通過出發點，保持離地面一百呎的高度，向西北飛去，後面四架阿帕契編隊在較高處追隨。還有一百三十哩，才能飛到伊拉克邊界，進入伊境後，「貼地飛」再下降到五十呎超低空，對正二十哩外的雷達站潛進。

黑暗的夜空，飄浮著一層輕霾，阿爾喬機場的燈光已經看不見了。李奧尼覺得好像飛進了一個黑洞。

機上的組員各自忙著工作，李奧尼在右邊正駕駛座位上，眼睛不停的掃瞄著前方紅外線地形顯示器、地形雷達、飛機姿態儀和雷達高度表，確保安全無虞的飛向目標。他領導組員再複習一遍緊急迫降程序。機側和機尾的觀察員兼機槍手，隨時注意機窗外的障礙物。

飛出機場二十哩以外，下面是一片荒漠。李奧尼下令試槍，直昇機立刻改成疏散隊形，三位機槍手各自點發了幾響，結果全都正常。從他們用機內話機報告試槍正常的語調，李奧尼感到他們有些緊張，就和他們說了幾句俏皮話，讓大家輕鬆一下。

指揮官柯默中校隨時掌握白組機隊的情況，並負責與美軍中央司令部聯絡。他打開衛星通話系統，使用指定的通話波道，卻聽不見聲音，他按下話筒上的發話鈕，試著呼叫了兩次，亦無人回話；再用機內話機查問組員，他們的衛星通話機也失效了。謝里夫立刻檢查他座位左上方的控制箱和發話系統，卻找不出毛病。

柯默他們三人面面相覷，心裏想的只有一樁事：「貼地飛」現在以每小時一百一十哩的速度飛向敵境，萬一情況轉變，外交方面獲得新的進展，要取消「鐵砧作戰」時，唯一與直昇機隊聯絡的衛星通話系統失效，他們就無法通知柯默中校返航。

柯默扭動一下身軀，心裏很不自在，表面上卻裝做若無其事，謝里夫知道他在這種情況下需要吃點糖果，就把準備好的巧克力花生糖遞了一條給他。柯默一面吃糖一面想。首先要緊跟著前面由金司禮上尉駕駛的「貼地飛」。

他用遍了各種方法，仍然無法叫通司令部，機隊已飛越第二檢查點——沙國東西橫貫公路上的一個村莊。這時機身猛然震動一下，謝里夫發現控制台中央的導航儀表，以及任務電腦螢光幕的指示忽然消失了。他立刻告訴李奧尼。李奧尼拿起話筒告訴組員：「大家注意，我們的導航系統現在出了點問題，不過很快就會修復的。」

任務電腦系統控制七種不同的導航儀器，包括電腦、紅外線感應器和雷達等。一旦故障，顯示器上一片空白，機上組員也不知道自己身在何方。

柯默告訴左側槍手皮爾斯，到通訊和電子裝備架上查看，有無警告訊號，如果一種機件失效，它的警告燈就會亮起。皮爾斯仔細的上下看了一遍，並未發現警告燈亮，很可能只是受了電波干擾。

李奧尼的膝上攤開著一張航行地圖，他專心的用基本航行儀表保持航向和高度，緊跟著前面的「貼地飛」。

柯默中校對導航系統十分熟悉。他知道警告燈未亮，導航儀器和電子機件並無故障，很有耐心的調整杜普勒導航儀、電腦、雷達和紅外線感應器。果然每樣儀器都恢復正常了。

他要謝里夫立即重新定位，找出自己正確的座標位置，然後向下一個檢查點飛去。途中還要經過好幾個檢查點，在二十三分鐘後才會飛達目標，他有充分時間回到正確航路。

柯默用另一波道和金司禮上尉通話，發覺那架「貼地飛」亦無法使用衛星通話系統。他才想起這不是通訊機件故障，恐怕是起飛前密碼器裝錯了。他立刻把衛星通話系統的密碼器取下來，裝上另一組不同的密碼器，果然耳機中響起一陣話音。他連忙通知金司禮換裝密碼器。這時離伊拉克國境只有五分鐘航程，他總算鬆了一口氣。

凌晨兩點二十二分，「貼地飛」飛越邊界，進入伊拉克國境，李奧尼檢視任務電腦和各項導航儀表，一切正常，「貼地飛」對正目標航進，離地只有五十呎，艙內燈光全滅。李奧尼看見前方有燈光，可能是敵軍哨站，他立刻轉彎避開，向一片山谷飛去，那裏地勢較雷達站低。地面不見動靜，沒有高射砲火，雷達上也看不到山姆飛彈的蹤跡。

柯默中校向全體組員宣佈：「我們已準時進入伊拉克。」

在東南七百哩外的法德機場地下室內，特種部隊聯合作戰中心的兩位上校，葛雷和莊生剛接到柯默中校的報告，得知「諾曼第」特遣隊已飛入伊拉克國境，兩人看著牆上的時鐘，關心這項奇襲任務的成敗。他們負責波灣戰爭中三軍特種作戰任務的協調和派遣，與在利雅德的美軍中央司令部，以及陸空特戰部隊隨時保持通訊聯絡，並有專線電話直達史瓦茲柯夫將軍。

他們預期二十六分鐘後，才能收聽到柯默中校由衞星通話系統傳來的戰果報告。兩人都覺得時間過得實在太慢了。

李奧尼駕著直昇機貼著山谷低飛，他在雷達站東南方十哩的地方，從駕駛艙內的雷達已可看到目標的輪廓，爲首的金司禮準時通過攻擊發起點，他的機尾槍手打開機尾門，丟出一束綠色的發光棒，時間是兩點三十六分。

兩架「貼地飛」同時向右後方急轉彎脫離，寇迪中校領著四架「阿帕契」，迅速通過發起點，調整好杜普勒導航儀，以六十哩的時速對準目標飛去。按下火力控制電腦開關後，紅外線感應器在八哩外鎖定目標，飛到五哩以內，地形顯示雷達上已看得到預警雷達站內的建築物。

在長約一哩的圍牆內，有七具俄製平面測偵和測高雷達，碟形天線架設在機動軍車上，一旁停著電源車，還有通訊營房和宿舍。外圍並且有幾處高砲陣地。

四架「阿帕契」攻擊直昇機成一字隊形排開，向預先分配好的目標齊頭並進，機上發出的雷射光，精確的瞄準目標。火力組長朱陸中尉打破無線電沉默，通知三架「阿帕契」：「倒數計時，十秒。」

「十、九、八、……三、二、一。」

四架「阿帕契」的「地獄火」飛彈同時射向自標，一個衛兵聽到直昇機噪音，跑到雷達房察看，剛打開門，一支「地獄火」飛彈已射中房頂，爆炸起火，燒成一團。

當他們接近到離雷達站只有兩哩時，再發射三十支「地獄火」，攻擊機動軍車和營房；接著射出六十支海蛇七〇型火箭，炸毀高砲陣地。爆炸聲連續不斷，燃燒起火，碎片亂飛，燒成一片火海。

最後再用點三〇口徑機槍掃射營房、宿舍和車輛中殘留的敵軍。

經過多次演練和沙盤推演，攻擊者對目標狀況瞭如指掌，這次「阿帕契」奇襲非常成功而準時，按照規定在兩點三十八分發動攻擊，三十秒後摧毀東方雷達站，七秒鐘後，西方雷達站亦遭紅組攻擊。四分鐘內，解決了兩處預警雷達站。

在飛抵預定會合點途中，「阿帕契」領隊寇迪中校向指揮官柯默中校報告戰果。幾分鐘後，紅組領隊馬丁上尉也報來戰果。兩處敵境雷達站，完全摧毀。

遠在聯合作戰中心的葛雷和莊生上校，正等得心急的時候，從衛星通訊話機中傳來指揮官柯默中校圓滿達成任務的訊息，莊生連忙用無線電話向史瓦茲柯夫將軍報告這個好消息。

「貼地飛」和「阿帕契」在雷達站南方一個預定的地點和時間，順利完成會合，回航途中比較危險，紅組浦西弗上尉駕駛的「貼地飛」就遭到敵軍地對空SA-7型飛彈攻擊，幸虧他們發現得早，從機尾放出幾支照明彈，誘導敵軍飛彈誤攻，自己一個急轉彎，脫離險境，安全返防。

主持「鐵砧作戰」的葛羅生准將，負責美軍中央司令部空軍作戰，他在沙國利雅德司令部裏觀看電視新聞。美國有線電視網駐巴格達特派員何禮門，正在報導伊拉克首都拉起空襲警報，高射砲火連聲響起，空軍作戰已經開始。

葛羅生准將看看手錶，才兩點四十三分，距離F-117型隱形轟炸機飛臨巴格達上空，還有十七分鐘。他覺得伊拉克防空部隊提早開火，令人不解。事後得知，兩處預警雷達站遭攻擊時，駐軍曾向首都報警。

三點整，F-117飛臨巴格達上空，投下兩千磅重，由雷射導向的炸彈，炸毀了國際電話電報大樓、有線及無線電台鐵塔、防空作戰中心，以及總統府。

三點零二分，F-15型鷹式戰鬥機按照計劃，開始攻擊約旦邊界，伊拉克境內H-2號油井旁的「飛毛腿」陣地。戰鬥機羣在直昇機爲他們除去雷達偵測網後，長驅直入，一路未被敵軍發現，山姆地對空飛彈也因而失去了戰機。

第七章 心理作戰

諾曼上校是阿拉巴馬州伯明罕人，出身陸軍裝甲部隊，曾在越戰中擔任連長。後來轉入陸軍外事軍官訓練計劃，研修心理作戰。巴拿馬戰役中表現優異，於一九八八年出掌五角大廈第四大隊，也是美國軍方唯一主持心理作戰的單位。

二次大戰中，東京玫瑰的欺詐、德國納粹頭子戈培爾的宣傳戰，都是心理作戰成功的實例。可是美國素來並不重視心戰，只講究在戰場上一決勝負，重實力，輕空言，也不善於欺敵作戰。

越戰結束後，美軍心戰單位縮減，只在前特戰司令部布雷格堡設一心戰處。到八〇年代，雷根總統任內，右派反共人士得勢，政府國際宣傳機構，如美國新聞局、美國之音和自由之聲等單位，大力宣揚反共輿論。國防部長溫柏格亦增撥預算，充實並加強軍事心戰單位。

諾曼上校接掌第四大隊後，注重人員素質的提昇、文稿和傳單的撰寫，羅致人才，增加裝備，派員深造並到各國美領事館實地瞭解當地風土人情。他也選派文職人員赴軍事學校受訓，增進彼此瞭解。

巴拿馬之役是第四大隊整編後首次接受的考驗。諾曼上校派遣專員飛到邁阿密，與巴國逃亡的難民會談，決定傳單及廣播的內容，儘量避免用「投降」，以免刺激敵軍。

戰爭開始後，心戰組員隨美陸軍突擊隊及第八十二空降師，跳傘進入巴國首都陣地，立即架起擴音裝備，對巴軍喊話，不到一小時，巴國守軍紛紛走出防地，舉手投降。第二天早晨，兩人心戰小組在運兵卡車上裝好擴音器，又隨美軍出動，四處搜索，同時進行喊話，許多巴軍聞聲出來投降，免除一場血戰。

另有廣播心戰小組，備有擅西班牙語組員隨行，對軍民播放拉丁音樂，用西語報告登陸新聞。首都一家電視台被美軍侵入後，播放宣傳錄影帶，觀衆可以由電視上看到從強人諾瑞加家中搜出的金銀珠寶和整疊的美鈔，接著鏡頭轉到首都巴拿馬城的貧民區，形成強烈的對照。

諾曼上校深信心理作戰的成功，比使用武器更有效，也更高明，因爲可以保住無數寶貴的生命。

伊拉克入侵科威特不到一週，第四大隊十多位官員飛臨麥可迪的中央司令部，攜帶諾曼上校與心戰專員擬妥的一份對伊心戰機密計劃。他建議二十六種個別心戰項目，呈請司令部核定。喊話小組也隨首批美軍空降部隊飛抵沙烏地。

對伊心戰計劃主張採取戰略主動，華府應全面加強心戰支援軍事行動。白宮、國務院及五角大廈尤應密切協調，步調一致，運用外交關係，直接或間接影響伊拉克。

危險性較高的心戰項目，如在邊境建立地下雷台，對海珊政權展開宣傳戰，或在中東地區熱門電視節目中，滲入反海珊題材等項也經列入考慮。

中央司令部一時未能作出決定，諾曼派來的心戰專員終於在爲史瓦茲柯夫將軍舉辦的簡報中，得到他的同意。諾曼上校很興奮的飛到華府，與有關政府機構進行協調。五角大廈方面，原則上已準備分公開與祕密兩種方式，對伊拉克進行心戰，公開部分由參謀首長聯席會議自行主持；祕密部分則由中央情報局負責。

中央情報局本身的心戰單位雖小，人員及能力都不及第四大隊強大，可是它在祕密情報工作方面，能提供更多掩護和支援。這也是五角大廈的看法。

但是，心戰的成功，必須在統一指揮下分頭並進，戰略和戰術的目標也須兼顧，方能克敵制勝。諾曼上校的心戰計劃，在五角大廈先入爲主的成見下，未被採用。他雖然費了不少心力，最後還是失望的回到利雅德，只在中央司令部已批准的範圍內，對伊拉克心戰作出一些貢獻。他並且組成聯盟心戰小組，由資深的美、英及阿拉伯籍的心戰專員，研擬傳單及宣傳文稿。

國務院雖曾設法經由國際輿論打擊海珊，但因白宮要員無人督促政府對伊展開全面戰略性心戰，效益不彰。中央情報局按計劃在伊國邊境架設祕密電台，由伊拉克流亡人士展開對伊國人民廣播。第四大隊曾攝製宣傳錄影帶，顯示伊軍侵科所嘗受的惡果，以及盟軍必勝的強大軍力。放映時間約十分鐘，準備送國務院核准後，分發各中東友邦對伊拉克播放。豈料這捲錄影帶竟在華府旅行了五十天後才回到沙國。由於時間性已失，經過一番增攝剪輯，才寄到中東十九個國家。至於伊拉克，自然是用走私帶進去的。

政府機構缺乏協調，步調自然難求一致，總統及國務卿僅與少數心腹官員諮商，隨即訂定外交政策，對伊拉克心戰則自由發揮己見，甚至朝夕不同，無法自圓其說。布希總統曾在白宮記者會中宣稱美國必定要打倒海珊。第二天，因爲怕海珊惱羞成怒，堅拒撤離科威特，又改口說好話：關於美國介入波灣戰爭的目的，先是說爲了使科威特重建民主（科國何曾有過民主？），後來又說爲了保衛世界石油供應，或是維持中東安定。國務卿貝克有一次還曾說過，是爲了保護美國國內的就業機會。

伊拉克爲了對美軍官兵進行心戰，曾仿效「東京玫瑰」，推出「巴格達貝蒂」，離間造謠，打擊士氣。伊拉克官員上自海珊，下至駐各國使館外交官，在廣播宣傳方面，給人的印象是上下同聲，語調一致。這在海珊對美國大軍壓境的無畏，乃至釋放多國人質所安排的記者招待會，都可看出伊拉克是頗擅心戰的高手。

諾曼上校的任期在十二月間屆滿，接任的是鄧拔上校，早在十月間已來到利雅德。兩人已有充分的時間交接。諾曼上校與鄧拔上校是老朋友，又都是南方人。鄧拔是由第四大隊一個心戰營營長升任大隊長的。諾曼上校曾爲中東心戰奔走努力，贏得中央司令部司令史瓦茲柯夫將軍的信任。鄧拔上校接任後，辦事亦較前順利。

由於史瓦茲柯夫將軍的支援，諾曼上校研擬的中東心戰計劃，終獲五角大廈批准。鄧拔上校急於在戰爭發生前，將所需的裝備、人員、傳單、宣傳文件等完全備妥。他呈送司令的心戰文件，都由他本人親送親取。絕對保密才能使心戰奏效。

鄧拔的合作對象是盟國沙烏地阿拉伯的莫罕莫德上校。他不久就發現，這位沙國上校雖然說了OK，還需要層層轉上級，花去不少時間才能獲准。

關於第一張心戰傳單，美方主張在戰爭開始前，配合電台廣播投入伊拉克境內，展示美軍優勢武力和作戰決心。沙國上校對這種威脅性的傳單不表同意，他覺得可能觸怒海珊，發動戰爭，於是建議用「阿拉伯人不應自相殘殺」的主題，在彩色傳單上畫出沙國和伊拉克的士兵手牽手走向沙漠夕照，背面還印著：「爲了和平，我們永遠攜手合作。」

美方覺得設計和措詞都太軟弱，稱它是「愛和吻」的傳單。可是，其他阿拉伯國家代表都表贊同，美國終於同意採用。事後從投降者口中證實，這張心戰傳單曾發揮相當大的作用。

一月十七日，空軍作戰開始的第一天，「波斯灣之聲」隨而誕生。使用十六個不同週率，每天對伊拉克廣播十八小時。由科威特和沙烏地人擔任報告員，並主持節目，在以新聞及音樂爲主的節目中，插播對伊心戰廣播。其實這就是中央司令部主持的心戰電台。

心戰廣播內容，目的在招降伊軍官兵，指出盟軍陸海空軍兵力遠勝伊軍：向阿拉伯兄弟投降，可獲公平待遇及尊重，如果有無線電，可用六・六三九和八・九二四兆赫與本台聯絡，資深阿拉伯官員會與你商討退出戰爭的條件。這位阿拉伯官員就在一架通訊裝備齊全的飛機上，守聽這兩個波道，隨時與有意投降者連絡。

隨著空軍轟炸任務的展開，中央司令部情報單位接獲多方報告，反應出對心戰廣播和散發傳單的效果：伊軍遭受轟炸和心戰雙重打擊，軍心開始渙散。史瓦茲柯夫將軍有見及此，召見鄧拔上校商討加強心戰。當時盟軍制空權在握，伊軍高砲對高飛的B-52型轟炸機亦無可奈何。將軍決定先將轟炸目標公開，第二天再派機轟炸，使伊軍心理上承受更沉重的壓力。他本人在越戰中曾領略這型重轟炸機在戰場上造成的震撼。

鄧拔上校因而參與轟炸目標的選擇。他選定伊軍第十六師駐地後，先由空中散發印有B-52投彈照片的傳單，並寫明第二天要來轟炸，希望趕快離開。次晨六時，B-52果然臨空投彈。第三天，再散發一批用紅字印刷的傳單，上面寫著：「昨天，我們已如約轟炸了第十六步兵師。注意！我們明天還會再來。現在由你自行選擇，留下來等死，或是接受我們的保護。這是最後一次警告，明天第十六師還會遭轟炸，趁早離開此地。」

「波斯灣之聲」心戰電台亦不斷播出相同的警告。B-52陸續的飛到各重要駐軍地點，展開心戰和轟炸，伊軍官兵從防禦工事中跑出來搶拾傳單，都想弄清楚明天會不會來轟炸。一位被俘的伊拉克將官曾告訴審訊人員，他的部屬每天都聽盟軍心戰廣播。據統計，被俘的官兵中，約有半數曾收聽「波斯灣之聲」。

二月六日午夜，戴文波機長推滿油門，MC-130E力士型運兵機在法德機場起飛，眼看長長的跑道快到盡頭，飛機才得到足夠的速度離地。原來飛機尾部裝載了一枚美空軍巨無霸炸彈，重達一萬五千磅，外號「小馬」的藍鋼八二，也是美軍現有最重的炸彈。

這種炸彈曾用於越戰，能在叢林中炸開一片平地，供軍機起降，爆炸威力強大，三哩之內的人耳鼻都會震得流血。這次用來清除地雷，自然也配合對敵心戰。

戴文波少校今年四十五歲，亞利桑那州人，到第一特戰聯隊之前，曾任軍事空運司令部運輸機飛行員，在越戰和巴拿馬戰役中，曾兩度獲頒勳章。

他和同機組員曾在猶他州數度試投「小馬」炸彈。幾乎與一輛金龜車體積一樣大的炸彈，裝置在下有軌道的平台上，彈頭朝向機頭，彈尾有一具降落傘。投彈時，打開機尾門，在預先計算好的投彈點上空，由機艙內電子導航系統自動控制投彈，彈尾的傘張開後，幫助炸彈平台由軌道滑出機外，直奔目標。炸彈尖端裝置約四呎長的引爆針，不等炸彈觸地，在地面上即行爆炸，震波才可擴大效果，而且連續向目標投下兩枚炸彈，方可發揮最佳威力。

另一架 C-130 力士型運輸機，也攜帶一枚「小馬」炸彈，由亨利中校駕駛，緊跟在戴文波少校後面。他們爬昇到一萬六千呎，改成平飛，向目標航進。

今晚的目標是科威特西南方的地雷陣地，同機組員除戴文波機長外，還有飛行員三人、領航員三人、電子作戰官和無線電通訊員各一人、裝載員二人和軍械員一人。

距目標二十分鐘航程，領航員重新計算風向風速，定出投彈點的正確位置，後艙的裝載員和軍械員開始按照檢查表，逐項檢查。離目標十分鐘時，軌道的安全栓取除，彈尾降落傘聯結纜索檢查正常。六分鐘時，炸彈保險絲取除，軌道固定鎖解開，裝載員穿上降落傘，以防意外跌出機外。

離目標只有十哩了，戴文波把時速降到一百四十哩。領航員調整雷達和導航電腦，精確的定出飛機的位置。離目標一哩，除去炸彈引爆保險夾。只有二十秒了，放開彈尾降落傘，風吹傘張。領航員倒數五下，由導航系統控制的電腦自動投下炸彈。

戴文波在駕駛艙一直用力壓住機頭保持平飛，這龐然大物滑出機尾，尾輕頭重，飛機又向下衝，他連忙拉起機頭改成平飛，才鬆了一口氣。

他向左轉了一下，從雷達螢光幕上看到一個小白點逐漸變小而消失，接著炸彈爆炸了。他看見一團灰白色的蕈狀雲從地面升起，很像原子彈爆炸的情景。

伊拉克部署在科國邊界的山姆飛彈陣地，立刻進入警戒，搜索美機。美軍在空中巡邏的雷達偵測機，乘此機會連忙在地圖上標定陣地位置，提供作戰飛機所需攻擊目標。

天亮之後，又派出一架力士機，飛向彈著點南方，散發心戰傳單，上面有「小馬」炸彈的照片和宣傳文字，大意說：「你們已領教過比『飛毛腿』威力大二十倍的炸彈滋味。我們還會再來，科威特一定會從侵略者手中獲得自由。向南跑吧！你們已無處躲藏，不要在此等死。」

在彈著點附近的一個伊軍營長，果然率部越過國境，前來投降，他的情報官向美軍獻出軍區地雷部署圖，盟軍在陸地作戰中得以趨安避危，深受其益。

根據戰後調查資料，第四大隊對伊心戰的戰果相當輝煌，尤其是盟軍展開陸地作戰以後，投降者日增，伊軍戰俘幾乎無人不曾見過心戰傳單，並有百分之七十都曾受傳單影響，前來投降。

當一百小時陸地作戰結束時，共有八萬伊軍投降，襤褸疲憊的伊軍望風披靡，爭先投降。盟軍沒收了他們的武器，把他們送上軍車。載滿之後，乾脆叫剩下的戰俘向南步行，走到前面檢查站時，自然有盟軍會來接應的。

史瓦茲柯夫的地面部隊，其實是擊敗了一支瀕臨崩潰的軍隊。

第八章 敵後作戰

在法德國際機場民航大廈尚未峻工的地下辦公區，美軍特種部隊第五大隊，用沙袋隔成幾間臨時營房，並給這地方取了個外號，叫「蝙蝠洞」。在洞的盡頭是一間簡報室，柯勞士上校與幾位情報官、參謀，還有三人特戰小組正在簡報室中，進行任務說明會。

按照特種部隊慣例，任務說明會由執行任務的特戰組組員向指揮官報告所有行動的每一細節，並需取得同意。這項任務深入敵境，危險性高，很可能一去不返。柯勞士上校的面色凝重，室內氣氛相當緊張。擔任說明的是三人小組的組長席姆司上士，他來自南卡羅林那州，魁梧壯碩。

中央司令部即將展開地面作戰，美軍第十八空降軍和駐防德國的第七軍都會投入「沙漠風暴」戰爭，沿著荒涼的大浦林(Tapline)公路，開進沙烏地西部的前進基地。然後兩個軍的十二萬大軍、一萬二千輛戰車及裝甲運兵車，快速跨越國境，進入伊拉克西南，包圍海珊佔據科威特的部隊。

一個法軍輕裝甲師和美軍第八十二空降師的一個旅，負責擔任側翼警戒。不過伊軍聞訊，若由巴格達大舉南下，美軍兩個軍就有被包圍的危險。席姆司率領的三人特戰小組，潛入伊拉克後方的任務是實地觀察伊軍有無南下增援跡象，用無線電直接向第十八空降軍報告。衛星照相需時較久；雲層過低，偵察機也不易發現目標。陸軍指揮官很重視這項任務。

此次共出動十三個特戰小組，每組三至六位組員，都用直昇機空運潛入，以幼發拉底河爲界，三組降落河北，十組降落河南，執行深入敵後的「戰略偵察」任務。

席姆司和組員們進入隔離營房已近三週，各特戰小組之間彼此並無聯絡，被俘時可免株連。席姆司出身農家，父母都在棉花廠工作，哥哥是海軍陸戰隊隊員。他自幼立志從軍，也想做特戰隊隊員。十九歲入伍以來，如願以償，在軍中已度過十五年。他隸屬第五二三特戰小組，加入特戰部隊也有十年多了，現在是小組的資深士官。

他的兩位組員分別是特布隆和陶貝。特布隆是個熱愛跳傘的黑人，專長是醫護。陶貝是個新手，從布雷格堡接受資格訓練後，才報到不久，滿腔熱血，卻缺乏實戰經驗。第五二三特戰小組組長孔奈上尉，自己也率領兩位組員在不同地點，執行相同任務。

席姆司和他的兩位組員練習挖掘土壕，構築簡單觀察掩體——約有五呎長，三呎寬，四呎半深的土坑，使三人勉強可容身，掩體頂部用一支金屬特製的帆布傘架起，上面覆蓋泥土，週圍再撒上特製藥粉，使狗或其他動物不致近前。特戰小組預定在夜間降落敵後，步行約五小時抵達觀察點，只有四小時挖築掩體。經過多次實習，才做到合乎要求。

他們每人攜帶二·五加侖飲水，準備一天喝半加侖。特製的五天即食口糧，體積只有兩個便當盒那麼大。在降落之前，每人都先喝下一大瓶水，走上幾小時也不會渴。

三個大人擠在小洞裏過好幾天，自然也要事先練習，糞便要分別用塑膠袋和瓶盛裝埋入土內。

每人的背包重達一百七十五磅，主要是通訊器材，並包括一套備用的。攜帶的武器卻相當輕便，M-16 衝鋒槍、手槍和手榴彈，以及有限的彈藥。

進行偵察的據點，深入伊拉克後方約一百五十哩，在與幼發拉底河平行的八號公路西方，南距哈姆薩鎮不到五哩；孔奈上尉那一組的據點就在那小鎮的南郊，兩組偵察的目標都是八號公路伊軍動態。如果一組被敵方發現，另一組仍可繼續執行任務。

組員們不僅要從情報照片中熟記偵察據點附近的各項特點，並且要了解這地區的敵情民俗。這小鎮距巴格達不遠，交通方便。但是，經過美軍轟炸，約有五千居民已逃往北方，時值寒冬，衛星照片顯示人煙稀少。柯勞士上校已向空軍申請低空偵察照相，以便瞭解各偵察據點最新敵情。

柯勞士上校全神貫注的聆聽席姆司說明執行任務的細節，他關心的問席姆司，萬一據點被敵人識破，如何逃生？席姆司接著說明應變計劃：美軍既然掌握伊拉克制空權，就可派戰機前來掩護，並在夜間派出作戰直昇機，設法營救他們脫險。必要時，亦可按計劃分別逃離據點，然後到指定地點會合，等候營救。

柯勞士上校表示滿意，站起身來和三位勇士一一握手，心裏希望空軍能及時提供最新偵察照片，他深知應變計劃眞做起來要比口說難得多了。

二月二十三日下午八點，一架 MH-60 黑鷹式直昇機帶著席姆司的偵察小組，成功的滲透敵境，降落在哈姆薩鎮西方六哩，八號公路附近。另一架黑鷹機載著孔奈上尉率領的小組，也順利的降落在南邊，相距約十五哩，各自執行任務，規定互不聯絡。

沙漠的夜晚，月色清亮，微風輕拂，溫度卻已降到華氏四十度。席姆司他們降落在一片新翻過土的田地旁，土質鬆軟，田畦又深，走起來十分吃力，背上的負荷亦就更沉重了。前行約百碼，才走出這片田地。又向東走了五百碼，他們選定了一處適於埋藏的地點，就開始挖洞，把備份的通訊器材和補給埋藏在地下，準備逃生時可以挖出來再用。

席姆司和兩位組員背上的負荷減輕不少，他們快步潛行，走了約五哩，看見一片高高的麥田，他要組員記住這個地方，如果接敵後失散了，這裏就是他們三人的會合點。

遠方可以看到電線桿，席姆司從地圖上得知快接近八號公路了。他們選定距公路約一千碼的一片耕地作爲偵察據點，由特布隆和陶貝開始挖土，席姆司擔任警戒。他看到公路東方，開過一列約有五十節運貨車廂的火車，他立即打開衛星通話機，與第十八空降軍達成聯絡，並將所見到的運貨火車情況傳報回去。

這裏的土質較沙烏地容易挖掘，天方破曉，他們三人已順利的挖築完工，躱藏在地下觀察據點，不停的向外窺探。

太陽升起後，發現不少農人和牧羊人在附近走動。有一個穿紅褲的牧人，緊挨著他們隱身的地點走過來，特布隆的心都快從嘴裏跳出來了。席姆司打手勢叫他們沉住氣。牧人走過去了，並未發現他們。

上午十一點了，洞外還有不少人走動，但是無人注意到他們。七小時前，盟軍已發動地面攻勢，八號公路上目前並無動靜，席姆司在約定聯絡時間，向第十八空降軍用衛星通話機完成報告。

過了不久，一個牧羊老者和一個小女孩終於發現了他們。席姆司和兩位組員只得從地洞中跳出來抓住老者和女孩，用阿拉伯話問他敵軍駐地。老者回稱離此不過一哩，然後忽然大叫起來，告訴數百碼外的牧人和農夫，美軍來了。

特布隆立刻跳進洞內，搖動衛星通話系統，向第十八軍報告他們已被發現，決定按逃生計劃行動。

席姆司三人的槍都已上膛，一扣扳機就可殺死這一雙老小，席姆司覺得這樣做無濟於事，就把他們放走。他立刻要兩位組員攜帶必需的求生裝備，一起向西南逃亡。跑出約五百碼，他們躲在一條灌溉用的溝渠中，用緊急無線電向十八軍請求空軍支援和緊急撤出。

席姆司讓特布隆和陶貝向左右分散，在溝中就射擊位置彼此掩護。不到半小時，果然開來一車伊軍，約有五十名官兵，從卡車上跳下。他們三人立刻開始用 M-16 步槍向伊軍射擊，由於訓練有素，命中率很高，而且由於子彈很有限，只有瞄準一個扣一下扳機，用點發來對付敵軍。

過了不久，又開來一車敵軍，村民亦紛紛從後兩旁漸漸圍了過來。在這危機四伏之際，一架美軍 F-16 鷹式戰鬥機終於飛臨上空。席姆司連忙對空發射信號彈，一面用無線電話機指示 F-16 戰機轟炸面前的敵軍。飛行員看到信號彈，先確定席姆司的位置，緊接著投下殺傷彈和一千磅重的炸彈。

炸彈在席姆司面前約三百碼處爆炸，他們的耳朵被震得半天聽不見聲音，敵軍橫屍遍地，至少消滅了兩個排。F-16完成炸射任務不久，就返航法德機場去了。席姆司和組員所剩的彈藥已不到三分之一。中央司令部會在白天派直昇機來救他們脫險嗎?席姆司知道那樣做太冒險，他們脫險的機會恐怕不多了。

在他們出發之前，就已經下定決心不做俘虜，不奢望生還，因爲敵人是不會留下活口的。他們每人胸前都掛著一顆手榴彈，準備必要時與敵人同歸於盡。席姆司絕不願活著被俘，不然會被帶到巴格達遊街，他怕在美國的老母若從電視上看到他的慘象，準會活活氣死。

他不禁想起自己的太太和兩個孩子，十三歲的男孩和七歲的女兒。去年九月間，他在門口和他們話別的情景，一時湧現眼前，使他畢生難忘。

這時衞星無線電話機響起，特種部隊司令部通知席姆司，決定派直昇機前來營救，大約一小時半可以到達。

在沙烏地邊城拉夫哈的直昇機停機坪上，克里沙夫利士官長正在幫助機務人員整修落地燈。昨晚出動滲透伊拉克，運送特戰小組，駕駛其中一架黑鷹式MH-60直昇機的，就是這位義裔美人。

他是由西西里島移民來美的第三代，父親服務美國太空總署，擔任工程師。他從軍已十八年，原先只打算當幾年兵，就可由政府補助上大學，後來卻成爲陸軍直昇機駕駛員。他的同僚大都是由士官升起來的士官長駕駛員。

他調來第一六〇航空團，擔任特戰駕駛員已有七年。這個航空團原名第一六〇特遣隊，於八〇年代初期成立，祕密運送三軍特戰隊隊員，專在夜間執行艱險任務。特遣隊當年約有駕駛員四十人，曾獲「夜行俠」的美名。現在第一六〇航空團已擴增爲三個航空營，共有駕駛員三百餘人，機種包括 MH-60 型黑鷹攻擊機、MH-47 型齊奴克運兵機、以及 AH-6 和 MH-6 輕型攻擊機，用於滲透和突襲。

克里沙夫利，短小精幹，說話溫和，他雖是駕駛員卻喜歡自己動手維護直昇機。他正在和機務長威拉說話時，昨晚率領兩架黑鷹機滲透敵境的米勒中尉趕到了。他喘著氣告訴他們，要出任務了，快把直昇機準備好。

米勒中尉和克里沙夫利的副駕駛，從作戰室取得航行資料和席姆司藏身地點的座標，各自跳上黑鷹直昇機，把航路座標輸入任務電腦後，立刻協助機長和機械長發動引擎。黑鷹機只有四位組員，正、副駕駛和機械長兼左槍手之外，還有右槍手迪凡杜佛。

克里沙夫利的黑鷹機旋槳開始轉動了，又上來一位特戰隊隊員。他負責在營救時用機槍制壓地面敵人，並且協助傷患登機。

克里沙夫利在滑行前，發現離他不遠的另一架黑鷹機起火了，第一號引擎冒出火焰，他拿起話筒警告米勒中尉，卻聯絡不上，地面安全人員很快用滅火器把火撲滅，只有一個引擎起動器燒壞，但已不能及時出動了。

直昇機在白天出動救人，總是兩機同行，一架倘被敵軍擊落而迫降，另一架還可掩護和救助。克里沙夫利心想，大概任務要取消了。可是，基地作戰官邱德雷上尉已跑到駕駛艙前，大聲嚷著：

「你們還是照計劃出動！」

克里沙夫利和副駕駛史帝芬交換了一個眼色，兩人都未說話。米勒中尉的組員，擔任搜救的戴特里士官，趕來志願隨機出動，克里沙夫利同意他由機尾登機，多一個槍手總是好的。

直昇機起飛後向西北航行，時間是下午一點，輕霾已散，能見度很好，敵軍在地面卻也更容易看到他們。飛出二十哩，已到沙伊交界的地方。克里沙夫利一推機頭，離地只有八呎，不過一間平房那麼高，極目望去，只見一片無垠的黃沙。他加大油門，以一百三十五哩的時速貼地飛掠，敵軍縱然發現直昇機，也來不及瞄準了。不一會，他與席姆司聯絡上了，席姆司告訴他，除非十分鐘之內趕到，不然就沒有什麼人可救了。

副駕駛史帝芬轉臉看著克里沙夫利說：「恐怕來不及了吧？」

「來得及的。」他話未說完，就向左急轉彎，加速到每小時一百四十哩，對準席姆司藏身所在飛去，也顧不得飛越敵軍陣地的危險了。

他們飛越幼發拉底河後，再向南飛出二十餘哩，一路利用起伏的沙丘作爲掩護，直昇機像跳欄似的忽高忽低的跳著。飛近第八號公路時，迎面一排高約八十呎的電線桿，克里沙夫利原想從電線下面鑽過去，可是等他又看到前面還有一排高約五十呎的電線桿，他知道勉強鑽過去可能會發生危險，立刻把機頭拉高，從兩排電線桿上飛過去。

就在這時，機上組員看到不遠處亮起一枚信號彈，地面多了一條長方形橘黃色的布幔，他們發現席姆司了。等直昇機飛近時，地面的伊軍對他們不停的射擊，他們用高速迴避，克里沙夫利在離席姆司約五十碼的地方轉了一圈，立刻減速降落，直昇機重重的墜落地上，何卜和戴特里立刻從機身側門跳出來，端起M-16就向圍過來的伊軍開火，機務長威拉用機身左側的小型機槍向他們掃射。這種機槍用馬達帶動，一分鐘可發射四千發子彈。

伊軍集中火力，向直昇機射擊，一顆槍彈從後窗射進來，在機槍中反彈，差一點擊中手榴彈儲存架。旋槳的轉軸也中了兩發槍彈，自封油箱中一槍，另一發從克里沙夫利座椅後方打進來，擦過他臉頰，從副駕駛窗口飛了出去。

在地面不過停留三十秒，機長克里沙夫利覺得已有三十分鐘，席姆司首先奔上機艙，機長卻覺得在看電影裏的慢動作似的。特布隆和陶貝緊接著也上了直昇機。機長問他們是不是還有三個人。席姆司知道他說的是孔奈那一組人。他大聲的報告機長：「全到齊了！快走吧！」

副駕駛用力大吼一聲：「走！」

機長抓起駕駛桿，直昇機離地了，低著機頭向南急轉，保持十呎的高度，快速脫離。從機上可以看到地面躺著十來個傷亡的伊軍。機長不想再度飛越敵軍陣地，因而轉向東南返航。

席姆司三人在機艙內慶幸自己能活著回來，對這一組從天上來的救命神兵，心裏更是感激不盡。

無線電話機中傳來訊息，特戰司令部要他們報告傷亡情形。機長克里沙夫利向後艙大聲嚷道：

「我們有人受傷嗎？」

席姆司、特布隆和陶貝高興得跳起身來，搥著胸膛大笑起來。

機長這才微笑的回答司令部：「沒有。我們並無傷亡。」

他向右轉了一下，向沙烏地邊界飛去。

特戰司令部指揮官柯勞士上校從戰略偵察出動開始，一直放心不下。孔奈率領的三人小組衛星通話機故障，無法聯絡，只好暗中回到埋藏點，取出備用話機，不料伊軍就在那裏紮營，他們只有按逃亡與迴避計劃行事。

巴旺那一組，本書第一篇小引中已詳加報導，他們爲敵軍發現後，轉戰七小時，終在夜間被第一六〇航空團的直昇機救出。

另一個九人小組，滲透後潛伏在幼發拉底河北岸，亦爲伊拉克牧人無意中發現。與伊軍苦戰六小時後，才獲直昇機營救脫險。照相情報有時分析不當也會出錯，照片中不見人煙，就認爲伊人冬天不耕作；一片營帳被誤認爲石塊，任務不得不在飛抵目標後而折返。

派到幼發拉底河南岸的七個小組，卻奇蹟似的未被伊國軍民發現，所有擔任戰略偵察的特戰人員亦無一傷亡。

孔奈率領的三人小組後來亦被直昇機救出。

第九章 密那紹欺敵戰

科威特近海今夕出奇的平靜，四艘美海軍特戰快艇在波斯灣中平穩的駛過。海軍上尉戴茲難得有閒向艇外張望，他看到岸邊由於盟軍轟炸和海珊部隊放火燒油而升起的一片黑煙，一彎明月忽隱忽現，隱約的也可聽到內陸炸彈爆炸聲，地面防空砲火對空頻頻射擊，在夜空中劃出一道道銀光。

時間是二月二十三日午後六點，戴茲上尉率領十四位海豹特攻隊隊員，分乘四艘快艇，由科威特邊界南方三十哩，沙國的拉沙米夏鎮出發，正經過邊界，向北再行駛十五哩就將到達密那紹外海，科威特的濱海小城。

當他登艇出發前，賀爾登少校，他的頂頭上司把他拉到一邊對他悄悄的說，這是中央司令部的高度機密，盟軍預定明晨四時，也就是十小時後，展開地面攻擊，解救科威特，他們的任務是佯攻密那紹，欺騙敵人，在海灘造勢，使敵人誤認盟軍要大舉登陸，以達到牽制敵軍的目的。

戴茲上尉畢業於美國海軍官校，一九八六年申請加入海豹隊，今年二十九歲，體格健壯，談吐文雅，曾是官校輕量級足球隊隊員。他在可樂那多接受「地獄週」訓練時正值冬天，海水冰冷，畢業時只剩下三分之一學員。

他拿起話筒用密語向海豹隊作戰中心報告，快艇正通過一個預定的檢查點。他不知道是否能安全通過下一個檢查點。這一帶遍佈水雷，快艇並無探測水雷裝置，艇速每小時約四十哩，如用目視觀察，看到水雷也太晚了。不過，他深信這項任務不會比海豹訓練更艱苦。

海豹作戰中心設在羅沙加，在沙國濱海大城達蘭以北約七十五哩。指揮官海軍上校史密司曾任海軍特戰第一大隊指揮官，已是第二次奉派到中東。第一次是一九八八年間，他曾率領一個海豹特遣隊在波斯灣清除水雷，防禦伊朗砲艇來襲，並協助美海軍爲科威特運油船護航。

現在由他指揮的海軍特戰大隊，只有二百六十餘位海豹隊隊員、小艇作戰人員及支援的水兵。昨晚他曾派遣一組隊員，把一批經中央情報局訓練的科威特游擊隊，送上科威特南方的海灘。還有幾個海豹小組曾參與收復夸拉島之役。

史密司上校今年四十四歲，外表看起來很年輕。他每天在簡陋的營帳中不停的工作，寢室相距不過四十碼，到任六個月來，他沒有離開過這兩個地方。

早在去年十一月間，美國海軍陸戰隊就曾計劃在科威特海灘進行兩棲登陸作戰，衛星照相和間諜偵察機提供海岸照相情報，瞭解伊軍防禦工事和駐軍分佈情況，史密司上校也曾多次派遣海豹隊暗中潛至海邊，實地觀察並蒐集情報，包括海灘硬度、坡度、敵軍運輸及集結情形。

中央司令部研判各方情報，顯示伊軍海岸防禦工事堅強，近海水雷密佈，海岸部署重兵。美軍陸戰隊搶灘登陸，可能得不償失，勢將付出重大代價。史瓦茲柯夫將軍才決定放棄兩棲作戰計劃。

海軍陸戰隊與沙烏地步兵師並肩作戰，由地面進攻科威特東南的伊軍，然後北上直逼科威特城，戴茲上尉選定在密那紹海灘造勢，佯裝登陸，使敵守軍專心防守海岸，無暇顧及身後的盟軍，達成聲東擊西的戰果。

戴茲在多次的海灘偵察中，終於找到一處相當理想的灘頭，海灣呈月牙形，兩哩之內沒有房舍，灘面開闊，並有道路通向內陸。伊軍也知道在密那紹的這片海灘，適於盟軍兩棲登陸，早已在海邊佈下鐵絲網及障礙物，海灘上並築有防禦工事。

中央司令部爲了配合這項欺敵作戰，故意將列爲機密的兩棲作戰演習經過洩露給媒體。戴茲上尉完成最後一次海灘偵察，回到拉沙米夏鎮，盟軍地面攻擊尙未開始。他在一本新近出版的《新聞週刊》國際版中，看到一則長達兩頁的專題報導，報導美海軍陸戰隊在波斯灣北部演習登陸作戰，海豹隊隊員偵察多處海灘，以及選擇登陸點的情形。戴茲心中暗自好笑，伊拉克這次要上當了。

離開密那紹海灘七哩的海面上，快艇的組員把引擎熄滅了。時間是下午七點半，戴茲上尉和海豹隊隊員們較預定時間早到了一小時。快艇拖著四艘橡皮艇，其中一艘是備用的。戴茲覺得如果不帶備用，往往就會出毛病。

他們要在離岸六哩換乘三艘帶馬達的橡皮艇，慢慢的駛到離岸五百碼處，留下待命支援人員，戴茲親率五位海豹隊隊員，背負C4塑膠炸藥包，偷偷的游泳到海灘，埋好定時炸藥，再游回橡皮艇。

戴茲要準確的把握時間，午夜一點，炸藥必須起爆，牽制敵軍。清晨四點，盟軍就要發動地面攻擊。他要用倒算法計標時間，先算出由離岸五百碼處游泳到海灘的時間、安裝定時炸藥起爆器所需時間，然後是離開快艇，換乘馬達橡皮艇，到離岸五百碼要多久時間，然後就知道快艇必須在什麼時間放出橡皮艇。

快艇駛到離岸六哩的地方，按照行動計劃換乘三艘馬達橡皮艇向海岸航進，馬達只有三十五匹馬力，速度慢，聲音小，到離岸只有五百碼的標誌旁，戴茲上尉才向他的隊員們宣佈：「地面攻擊四點鐘發起，我們要在一點整起爆炸藥。一切都要照計劃去幹！」

他講完話，從塑膠袋中取出夜視眼鏡，向海岸望去，發覺與他上次偵察時沒有什麼異樣，經過前兩天戰鬥機和艦砲的轟擊，裝出盟軍要在此登陸的樣子。海灘已不見人煙。

六位海豹勇士除了每人攜帶一個二十磅C4炸藥包和定時器外，並且配備衝鋒槍或自動步槍，以及手槍和手榴彈投射器，準備對付敵海防守軍和攻堅之用。

他們的臉和手都塗上僞裝油膏，看上去一片漆黑。下海後分散成一線前游，間隔約十碼。炸藥包本身有飄浮裝置，他們把它放在前面，借著浮力一面用脚上的塑膠「鴨掌」拍水向前游去。從海岸向內陸看，不時有炸彈爆發的亮光，燃燒中的油井亦照亮了夜空。海豹隊隊員知道岸上守軍因爲背光的關係，更不易發覺他們了。

十五分鐘後，他們已游到海邊，海水只有六呎深，可以站起身子。戴茲上尉用手勢要他們疏散開來，間隔增到五十碼。他們在海水中，靜靜的觀察岸上動靜。過了約十分鐘，一切都出奇的安靜，只有海波拍岸的聲音。

越近沙灘水越淺，他們匍匐在兩呎深的海水中，卸下炸藥包和武器，偷偷的向前探望，戴茲看看他的潛水手錶，向隊員們做了一個手勢，要他們等待。他們的定時器在出發時已預先設定在午夜一點起爆，不過由於水溫變化，須作必要的調整，今晚的水溫是華氏五十三度，會使定時器延遲十三分鐘起爆，所以原先設定在兩小時前開定時器，也就是晚上十一點，必須提前十三分鐘。戴茲等到十點四十七分，做手勢命隊員們拔去保險針，定時器開動了。

海豹隊隊員們把炸藥包放在約一呎深的海水中，背起武器回身向海外游去。到水深約六呎的地方，隊員們的間隔又縮小到十碼。他們知道，午夜一點正值退潮，炸藥包不致在水中，而會在灘頭準時爆炸的。

在黑夜的海上，尋找漆黑的橡皮艇不是件容易的事，要找在海水中游泳的海豹隊隊員，更不簡單了。戴茲上尉等大家游離海灘十分鐘後，要大家暫停前進，自己也踩著水，拿起袖珍無線電話機，叫通在橡皮艇待命的隊員，然後用手電筒向海外射出一條紅光，橡皮艇發現了他們的位置，就駛向前來，在離海岸約三百碼的地方，把戴茲和五位隊員從海中接上艇來。

其中兩隻橡皮艇在這時放下兩個橘黃色的浮標，直徑約有三呎，用來欺騙敵軍，使他們認爲是盟軍登陸時標明灘頭位置的。

當戴茲他們乘橡皮艇向海外駛去時，兩艘快艇卻向海岸逼近，等他們得知戴茲已到達原在海外七哩待命的快艇時，這兩艘快艇在離海灘三百碼處，開始向岸上開火，時間是午夜十二點半，五〇口徑機槍不斷響起，快艇又投出不少輕型炸藥，使用延期起爆引信，爆炸聲持續未停，快艇已快速駛回七哩外的會合點。

一點整，一百二十磅C4塑膠炸藥在密那紹灘頭起爆了。當時烏雲低垂，聲震內陸，伊拉克守軍從夢中驚醒，倉促應戰，再也沒想到是一場聲東擊西的佯攻。

戴茲上尉向羅沙加作戰中心報出「帕米拉」密語，表示佯攻欺敵達成任務，然後加速向南飛駛返航。

回到拉沙米夏基地已是午夜兩點半鐘，作完任務歸詢，就進入隔離營房，對同僚都不准談起作戰經過。他躺在床上，想起地面攻勢已經展開，再也無法入睡。

第二天上午，他到快艇停泊的碼頭散步，一位通訊士官長遞給他一份史密司上校拍來的電報：

戴茲上尉：請轉告貴屬海豹隊隊員，昨夜任務十分成功。我方情報證實，敵軍果然中計，以為盟軍要在密那紹登陸，海防部除曾緊急備戰外，並由西部徵調陸軍前來增援。

戴茲不禁大喊一聲：「我們果然成功了。」

他連忙跑回營房，與隊員們分享這個好消息。

第十章　偵察「飛毛腿」飛彈陣地

一月十七日下午，盟軍開始空中作戰才不過十二小時，在利雅德指揮空軍作戰的地下室中，接獲一項不尋常的新聞，伊拉克飛彈營對準以色列發射兩枚飛毛腿飛彈，所幸均在以國海邊墜落，並未造成損害。根據 F-15 戰鬥機報告，幾小時前，他們曾滲入敵境，已將所有「飛毛腿」陣地和固定發射器摧毀，怎麼現在又會出現呢？

第二天早晨三點，傳來經過證實的新聞，伊拉克對以色列的特拉維夫和海法發射七枚「飛毛腿」飛彈，摧毀民房公寓達一千五百八十七間，四十七人受傷。

盟軍間諜衛星曾發現在巴格達附近的沙瑪拉化學武器庫，有軍運卡車活動，以色列居民深恐海珊發動毒氣戰，連忙準備防毒面具。後來證實，伊軍並未使用化學彈頭，「飛毛腿」的命中率也不夠準確。可是，對以色列威脅很大，學校停課，店鋪停止營業，人心惶惶，有如當年希特勒在二次大戰用 V2 火箭攻擊英倫的情景。

中央司令部原先猜測伊軍共有固定和機動的「飛毛腿」陣地約五十處，早已列為盟軍攻擊目標，並加摧毀，隨後發現竟多出十倍，亦是波灣戰爭中情報失誤之過。

華府方面對此事頗費周章，以色列表明不能坐視，堅欲參戰的意願，布希政府明白，如果允許以色列出擊伊拉克，中東盟國絕不會苟同，而且以國軍機如想飛越約旦國境，攻擊「飛毛腿」陣地，約旦亦不會同意，並且可能會倒向伊拉克。假設伊拉克使用化學或生物戰彈頭，以色列很可能動用核子武器加以報復。

一月十八日，以色列遭「飛毛腿」襲擊後，曾立刻出動十二架戰鬥機向北偵巡，但未越過邊界。美國立即空運兩個「愛國者」飛彈營，攜帶三十二枚飛彈，兼程趕抵特拉維夫，在以色列被襲後僅十七小時。布希總統並向盟國保證，不出數日，必將消滅所有「飛毛腿」陣地。他也曾用「熱線」直接與以國首相夏米爾通話，勸他暫且忍耐。

一月十九日，又有四枚「飛毛腿」飛彈襲擊特拉維夫。史瓦茲柯夫將軍接到三軍參謀首長會議主席鮑威爾來電，以色列準備派遣二百架作戰飛機及直昇機飛越沙烏地國境，對伊拉克大舉反攻。沙烏地表明不准以機過境，布希總統也用「熱線」電話勸告夏米爾，盟軍已積極行動，不需以軍參預。

夏米爾卻在積極準備用核子彈頭對付伊拉克，不但向地中海試投一枚可攜核子彈頭的火箭，而且美軍間諜衛星亦曾拍下以色列部署核子彈頭飛彈，對付伊拉克的照片。以色列要讓伊拉克知道，他們並不是隨便說說而已。

五角大廈與中央司令部奉華府指示，積極搜索「飛毛腿」機動陣地。由於飛彈架設在中型卡車上，體積不大，機動性強，等到盟國軍機聞訊臨空攻擊，早已轉移他處，或藏匿在公路高架橋下，難以發現。美軍雖動用太空指揮部新型DSP紅外線預警雷達，配合新啓用的聯合監視目標攻擊雷達系統(JSTARS)，一時仍難奏效。

中央司令部在伊拉克東部和西部各劃定「飛毛腿」目標區一處。西部包括阿魯布塔(Ar-rubtah)、阿爾坤(Al Qaim)與H二號油井等地，東部目標區以沙立(Salih)的夸爾(Qal)爲中心，包括週圍可疑的地點。二月二十五日，一枚「飛毛腿」飛彈避開了盟國的防空偵測，擊中達蘭的美軍營房，造成二十八名陸軍後備人員死亡，一百多人受傷的慘劇。

中央司令部每天出動各式軍機約二千架次，幾乎三分之一專用於偵察「飛毛腿」陣地，每天二十四小時持續執行密接空中巡邏。白天發現目標，派F-16和A-10型機及英空軍戰機攻擊，夜間則派F-15E戰機，用殺傷彈對付敵軍。可是，伊拉克飛彈營的機動性很高，出沒無常，有時甚至用假造的發射飛彈卡車欺騙盟軍。

以色列對盟軍偵炸「飛毛腿」陣地的成果非常不滿，屢次表示希望能派遣曾受特種作戰訓練的以國特戰小組滲入伊拉克，由地面偵察並破壞「飛毛腿」陣地，力求先發制人，不可坐等敵軍的飛彈侵襲。美以雙方會商結果，終於達成協議，由美軍出動特戰小組達成這項敵後任務。

美軍聯合特戰中心指揮官唐吟少將自「飛毛腿」飛彈開始襲擊以色列以來，早已提出由地面偵察並摧毀「飛毛腿」陣地的計劃，經五角大廈和特戰司令部多次磋商。鮑威爾將軍召集特戰司令史汀納將軍與唐吟少將會商，由於史瓦茲柯夫將軍已允准英國特戰小組在伊拉克境內進行敵後作戰，唐吟提出三種不同的兵力運用方案，鮑威爾將軍選擇了兵力最小的，包括三角特攻隊一個中隊、第一六〇特戰航空團直昇機一個分隊，當唐吟和他的幕僚抵達沙烏地約一週後，另派三角特攻隊一中隊、加強突擊連一連，海豹第六組一小組前往沙烏地。唐吟少將的特戰兵力共約四百人。

國防部長錢尼聽完了唐吟的簡報，立表同意，鮑威爾連夜電話史瓦茲柯夫，將這項決定告訴他。身為中央司令部司令，一向不贊成美軍滲入敵後作戰，這時也不得不遵命了。

唐吟少將奉命率領所屬，三天後抵達沙烏地，當時已有兩個美軍特戰單位進駐中東：潘特將軍在土耳其指揮一個特戰搜救隊，專責營救在敵後被擊落的盟軍飛行員；莊生上校指揮一個陸海空三軍特戰部隊，規模最大，約有七千人，執行敵後偵察、破壞、營救飛行員及與盟軍部隊聯絡等任務，已為外界所知。唐吟這支特遣隊則對外保密。

英軍的特戰行動隊(SAS)由英國畢列將軍領導。他本人加入這聞名全球的特戰單位已有二十年歷史，不但驍勇善戰，而且足智多謀。一月二十日，他在唐吟的特遣隊抵達沙烏地前十一天，居然說服史瓦茲柯夫將軍滲透伊拉克邊境，率隊進行敵後作戰，破壞通訊設施，進行小規模伏擊，並曾俘虜砲兵軍官，獲知敵情。

唐吟少將抵達駐地沙烏地西北小鎮阿爾阿，略事整頓，立即飛往利雅德晉見史瓦茲柯夫將軍。原來他倆曾一度共事：為了爭取預算購置 MH-47E 型特戰直昇機，遭當年任陸軍作戰署長的史瓦茲柯夫反對，後來經第一六〇特戰航空團向陸軍部長反應，終於獲准購置三十架新型直昇機。唐吟當時擔任新成立的特戰司令部駐華府聯絡官。他在奔走折衝之間，深知史瓦茲柯夫將軍的個性。

他趕到中央司令部向史瓦茲柯夫將軍報到，表達効忠的誠意。這位司令囑咐他，不得擅自越境進入伊拉克，不必向特戰司令史汀納報告，凡事須經他本人核准方可實行。從他說話的口氣聽來，似乎並未盡釋前嫌。不過唐吟知道他心中藏不住話，相處一些日子，他定可贏得司令的信任。

唐吟離開中央司令部，直接搭機飛到阿爾喬夫。這個原已廢棄的前進基地，現在進駐三支盟軍部隊：空軍特戰「貼地飛」直昇機隊、空軍 A-10 型雷霆式攻擊機隊，以及英軍特戰行動隊。「貼地飛」直昇機經常運送英軍特戰行動隊隊員，由空中滲透敵後，突襲目標，發現「飛毛腿」陣地時，就請空軍 A-10 攻擊機出動殲敵。

唐吟的三角特攻隊就駐紮在附近的阿爾阿鎮，他們與英軍的行動隊密切合作，英軍提供許多敵後作戰的經驗。他們警告美軍，在荒涼的沙漠中作戰，絕不可以靠步行，伊拉克沙漠夜間酷寒，難見生物，加上敵軍出沒無常，英軍行動隊已有好幾位犧牲了。所以除了直昇機外，就得靠特製的沙漠吉普車了。

偵察和轟炸「飛毛腿」作戰，先用空軍的 MH-53J 型「貼地飛」直昇機，或用陸軍的 MH-47E 型齊努克直昇機，運送特戰隊隊員夜航，滲透敵後目的地，卸下四輪帶動的特製遊俠號(Land Rover)吉普車和特戰隊隊員。直昇機飛離後，特戰隊隊員駕駛有特殊裝備的遊俠吉普車，在黑夜中巡邏索敵，白天躲藏起來休息。他們具備新型陸空聯絡無線電話機，經由保密波道與空中巡邏機及攻擊機隨時通話。空軍並派遣陸空聯絡特戰人員隨行，用信號彈指示飛機攻擊目標，並將座標位置報知飛行員。F-15E或A-10攻擊機立即投下殺傷彈或一千磅重的炸彈，摧毀目標。

唐吟的特攻隊與英軍行動隊同意區分活動範圍，以十號公路爲界，西北地區接近敍利亞邊界屬特攻隊範圍，東南地區迄沙烏地邊界則劃歸英軍行動隊。

唐吟領導的特攻隊在二月六日晚上，首次滲透伊拉克，偵炸「飛毛腿」陣地，旗開得勝，一舉摧毀四處陣地。他在早晨四點，就用電話向史瓦茲柯夫將軍報告戰果。後來又乘直昇機飛到利雅德中央司令部，把一架黑鷹式直昇機在攻擊時攝得的實況錄影帶，放映給司令官觀看。目標爆炸起火，烈焰漫天，司令深感欣慰，對唐吟頗表嘉許。

此外，唐吟的一支突擊隊曾攻擊伊拉克西南接近約旦的通訊站，切斷安曼與巴格達的通訊線路。第一六〇航空團的MH-60型黑鷹式直昇機曾攻擊雷達站、運輸車隊、指揮所等目標。英軍行動隊亦曾成功的伏擊「飛毛腿」車隊，並曾對藏在公路橋下的「飛毛腿」發射車加以攻擊。

這種敵後作戰自然是驚險艱苦，特攻隊隊員晝伏夜出，不但要自給自足，迴避敵軍，並需搜索目標，有一次竟在敵後活動長達三週。有時與敵軍發生遭遇戰而受傷，或爲牧人發現而被困，終獲直昇機拯救脫離險境的事例亦不爲少。

二月二十一日，特攻隊首次發生不幸事件，喪失了七位優良的特攻隊隊員。

特攻隊士官長賀爾利率領兩位隊員羅德里蓋次和克拉克，在敵後勘察地形時，失足墜岩，跌傷脊椎，經兩位隊員向作戰中心求救，中心派出一架黑鷹式直昇機，冒惡劣天氣飛抵現場，經機上四位組員：機長柯柏上尉、副駕駛查甫曼准尉、安德生及魏拉司寇士官全力將他們三人救上直昇機，飛回阿爾阿機場。不料一陣濃霧將跑道完全遮蓋，又乏照明燈光引導，當時已是半夜三點，直昇機在機場上空盤旋，兩次試降都未成功，到第三次降落時，不幸在距跑道數哩處墜毀，機上七位特攻隊隊員全部遇難。

唐吟少將對這次飛行失事甚感痛心。他領導特戰隊隊員出生入死，深知犧牲在所難免，可是七位久歷戎行的優秀戰士就這樣殉難了，實在使人痛惜。他本人和賀爾利士官長又是相識多年的親密戰友。幾天前，他們還在一起通宵暢談，豈料竟成永訣，怎不令人傷感。

波灣戰爭中，特戰部隊的任務固然艱險，傷亡率卻不高。除這七位外，另有一架 AC-130H 四引擎機，用火力支援美軍陸戰隊，在沙烏地東北城卡夫濟遭伊軍地對空飛彈擊落，十四位空軍特戰人員陣亡。此外還有一位陸軍特戰隊隊員在測試武器時，發生意外殉職。

中央司令部在黑鷹式直昇機失事後第二天，接獲五角大廈電令：據中央情報局確訊，海珊準備動員二十六處「飛毛腿」陣地，對以色列發動全面攻擊，孤注一擲。務必加強搜索，就地摧毀。司令部立即將電令傳達阿爾喬夫的作戰中心與唐吟的特遣隊。

四天之後，二月二十六日，威爾生中校和歐托中尉各駕一架 A-10 型「疣豬」式攻擊機，在伊拉克西南的莫德西機場執行偵察轟炸任務。A-10 型攻擊機是較老舊的機種，軍方早已停止生產。因爲它速度慢，外形亦不美觀，所以被稱爲疣豬。但在三角特攻隊隊員和英軍特戰行動隊隊員心目中，卻是火力強大，留空時間又久的偵炸戰機。

阿爾喬夫前進機場共有A-10型機十二架，威爾生是美國空軍後備軍官，今天的任務是攻擊莫德西機場。他對在敵後冒險犯難的特戰隊隊員，有一份莫名的欽敬，雖然他從未用無線電話機向在沙漠中活躍的勇士們表白。自從他們參戰後，對攻擊目標「飛毛腿」陣地所提供的情報頗有改進，他們傳來的攻擊戰果報告既迅速又準確，比僅憑衛星照相要詳盡多了。

威爾生和歐托飛到莫德西機場，遇上惡劣天氣，無法看清目標。他們找到加油機，完成了空中加油，飛向第二個目標——幼發拉底河西岸哈克拉尼亞的軍用倉庫，投下了殺傷彈。

他們有足夠的油量和未用完的彈藥，續向阿坤鎮西北飛去，偵察第三個目標，也就是與公路平行的鐵路上，有無運輸「飛毛腿」飛彈的情形。三角特攻隊曾在阿坤鎮週圍偵察，認爲此地可能發射過飛彈。

當他們飛近阿坤鎮東北的一條跑道時，兩人向下一看，不禁喜出望外，居然有二十多支「飛毛腿」飛彈，架在發射車上，散佈在那廢棄的機場上，他們好像中了特獎似的，連忙俯衝下去，對準目標，發射野牛飛彈。三枚黑色圓筒形飛彈，個個擊中目標，立刻爆炸起火，火勢向四週蔓延。他們看看自己的油量快不夠了，只好朝南飛回沙烏地，希望在空中再加一次油，飛到阿坤鎮來，好好收拾剩下的「飛毛腿」。

等他們第二次在空中加好油再向北飛時，卻接到阿爾喬夫作戰中心的電話，要他們趕快飛到約旦邊境的阿魯巴鎮，空中支援一組特攻隊隊員脫險。他們在那小鎮的一條公路旁，發現被伊軍圍困的特攻隊隊員，立刻投下殺傷彈，炸得伊軍四散奔逃，特攻隊隊員乘機脫離戰地，轉往指定潛出地點，等候直昇機前來營救。其中一位空軍前進管制官，與兩位飛行員完成通話聯絡後，告訴他們曾在小山後發現疑似「飛毛腿」發射車。威爾生和歐托飛過去偵察之後，才知道那些長筒形看來很像飛彈的東西，是敵人用補給品及彈藥箱僞裝出來的。

他們繼續飛到阿坤機場，對準五個「飛毛腿」發射車投下殺傷彈，伊軍也用「山姆」地對空飛彈回敬他們。威爾生率領歐托返航途中，與作戰中心聯絡，又派出美海軍 F/A18 型黃蜂式戰鬥攻擊機七架、A-10 型攻擊機多架繼續攻擊「飛毛腿」發射車。第二天早上，威爾生與歐托加油掛彈後，又到阿坤機場轟炸一趟。他們的戰報中，增列了摧毀四支「飛毛腿」。

依據參加此役飛行員們的戰報，在阿坤機場總計摧毀「飛毛腿」二十支。原先情報所指的動員二十六支「飛毛腿」對付以色列，是否就是這件事？無人得知。究竟是誰先發現這一大批「飛毛腿」的，空軍認爲是敵後特戰（攻）隊隊員，結果也查無實據。威爾生中校相信，也許是他們運氣好，偶然碰上的，這也是作戰中常會發生的巧事。

總之，巴格達未能發動「飛毛腿」總攻，「沙漠風暴」作戰第二天就結束了。

關於摧毀「飛毛腿」的戰果，事後發生不少爭議，聯合特戰司令部，也就是唐吟少將所屬單位，曾發表客觀的估計，敵後特攻隊隊員指引空軍戰機摧毀「飛毛腿」陣地八處，損毀其他陣地四處。中央情報局及國防情報總署則認爲有誇大之嫌。如果說戰果評估是科學，不如說是藝術。目標是否摧毀，通常以衛星照相判讀分析的結果爲準，部分飛行員攻擊目標時不免一時興奮，認爲炸彈爆發就是全部摧毀，難免誇張；不過，飛行員親身目睹的戰果，衞星照相若未顯示，就被完全抹殺，也不盡合理。

沙漠風暴作戰開始的十天內，伊拉克每天平均發射「飛毛腿」飛彈五枚，由於盟軍陸空聯手出擊，深入敵後，搜索轟炸，伊軍備受威脅，爲了迴避美軍機巡邏偵察，多在天氣惡劣時發射，在戰爭結束前三十三天中，每天平均已減到一枚。飛彈裝在卡車上機動性雖大，準確度卻相對減低。盟軍偵炸「飛毛腿」飛彈作戰，功不可沒。

三月份的第一週，波灣戰爭方告結束，中央司令部司令史瓦茲柯夫將軍親往阿爾喬夫與阿爾阿兩處基地，慰問特戰隊隊員，三角特攻隊兩個中隊隊員及第一六〇航空團的直昇機駕駛員們列隊歡迎，這項前所未有的舉動，一時傳爲佳話。這位四星上將曾在舉行停戰記者招待會時，出人意表的公開表揚特戰部隊的成就，他覺得大家應該記住他們的貢獻。從前並不贊成特戰部隊參戰的司令，今天站在歡迎他的勇士們面前說出他心底的話：「你們的英勇果敢、所作所爲，永遠不會公開在世人之前，但是因爲你們的成就，以色列才沒有參戰。」

在肯塔基州甘布堡軍事基地的一角，豎立著一座第一六〇特戰航空團烈士紀念碑，座落在兩座廢置的彈藥庫中間，未曾來過的人是不容易找到的。這塊紀念碑上刻著二十八位殉職直昇機駕駛員的姓名，題名「夜行俠」成仁紀念碑。碑用黑色花岡岩製成，呈正方形，兩旁各有一座較小的三角形石碑陪襯，僅供航空團眷屬及有關親友憑弔。方形石碑上並有一具大型飛行胸章，與航空團直昇機駕駛員佩在制服上的一樣。波灣戰爭結束後，又增加了四位烈士的姓名：柯柏、查甫曼、安德生及魏拉司寇。

在布雷格堡特種部隊營區的甘迺迪總統紀念教堂中，聚集了許多三角特攻隊人員、眷屬和已退休的特戰部隊舊屬，他們都是聞訊前來參加追悼儀式的。祭壇上排列著三雙跳傘靴和三頂綠扁帽。中隊長開始點名，隊員逐一應答。可是，點到賀爾利、克拉克和羅德里蓋次三人時，卻無人答應，熄燈號音就在這時響起。與他們生前祕密作戰一樣，烈士們無聲無息的走了，參與追悼會的人們是不會忘記他們的。

第三篇　特種作戰的未來

第十一章 明日的戰士

一位特戰隊隊員奉命飛往第三世界國家突擊一座核子研究所，中央情報局據報這個研究所祕密生產原子彈。這位未來的特戰勇士在飛機上睡眠中，接受錄音任務提示，由腦中潛意識自動記憶。感官奇效藥丸能使他在黑暗中看清目標細部，聽得見研究所內科學家的談話。他可以用手錶型的無線電話機直接與五角大廈通話。爲了轉移警衛的注意，他可以用立體映像機，把自己的形象投射到大門警衛面前，再用雷射光發出語音，配合形象，和眞人一樣對警衛講起話來。他同時用肩上的火箭發射器，對準目標將它一舉摧毁。這就是二十一世紀特種作戰出奇制勝的一例。

在布雷格堡陸軍特種作戰中心六樓，有一個特戰觀念研究處，處長巴司克中校加入特戰部隊前，畢業於伊利諾州立大學，主修動物學。他手下有二十多位軍官和文人，主要的工作就是想像未來特種作戰的型態，發展新式武器和裝備。

巴司克中校，今年四十三歲，身材高大，曾服勤美軍特戰部隊，駐歐洲單位多年。他愛讀科學和幻想小說，富有創意和革新的思想，熱愛本身工作。

他有一位好搭擋雷乃立，兩人志趣相投，成爲莫逆之交。雷乃立矮小粗壯，也是特戰隊隊員出身，曾兩度參加越戰，在中部高地作戰。他在一九八一年退役後繼續進修，得過商業學位，後來才回到布雷格堡擔任武器發展專家，在巴司克中校的研究處供職。他有豐富的特戰經驗和想像力。兩人平時切磋研究，汲取新知，對特戰武器裝備的未來發展不遺餘力。本章開頭所描繪的戰例，就是他二人對未來特戰發展的一種看法。

他們認為微電腦的長足發展，把許多硬體都可裝進公文皮包中，放進特戰隊隊員的背包也不致太困難；《狩獵雜誌》刊載的各種高科技射擊裝具，同樣可以用於軍事作戰，只需改漆成草綠色。太空總署為太空人製作的太空飛行模擬機，顯示週圍情況可以亂眞，這類科技應可轉用於特戰部隊演練作戰任務。

巴司克中校看他孩子玩任天堂電動玩具，就會想起自己小時候只有在院子裏玩牛仔和印地安人打架的遊戲，將來的趨勢更會依賴電腦和螢光幕的顯示。二十一世紀的特戰勇士應當可以從一具螢光幕上，看到各項必需的資料，包括微波通訊、紅外線、雷達顯示，以及肉眼看不到的敵情，包括地雷、電子偵側器、掩體和工事、恐怖份子隱匿處所等。這一具螢光幕如能縮小到展示在頭盔的遮塵眼鏡上就更理想了。對付恐怖份子作戰，找到他們藏身之處後，通常都是分區突擊，互相掩護，突擊隊隊員要憑本能在刹那間辨明敵友，立即射擊。進入二十一世紀，科技發達，微電腦憑事先輸入的情報資料，立可自動分辨敵我，選擇最適當武器，並引導戰士按敵情緩急的順序，消滅敵人。這些資料和指示，能在一瞬間展示在遮塵眼鏡上。

其實在波灣戰爭中，特戰隊隊員曾攜帶袖珍型電腦，將發現的敵情，透過衛星通訊，傳送到沙烏地的特戰司令部。司令部也曾透過電腦連線，獲知最新情報及衛星照片。

特戰部隊從前使用的武器裝備，大多與正規部隊相同，不易獲得專爲特戰設計的裝備。海軍「海豹」隊曾申請改造運送隊員的小型潛水艇，請購兩棲登陸用的小型飛機，都因預算被删除而未能實現。現在美軍特戰司令部已成立研究發展處，每年用於武器和裝備的更新發展，約佔全部預算的三分之一。我們可以從下文看到未來的一些趨勢。

特戰A（攻擊）小組的醫護人員可用小型電腦將儲存的醫療重要資料調出來參考，這樣隊員受傷需要開刀時，就不致失誤。進行祕密偵察時，帶上一副特製的擴音耳塞可以提高聽覺。語音翻譯機可以將英文譯成當地語言，有利敵後游擊作戰。無線電通訊用的電池，薄得像一片餅乾，可以用上幾年；現在用的電池相當重，而且每週需要充電。

海豹隊正在發展袖珍型電腦，可以在潛水面具上自動顯示攜帶氧氣的餘量和吸進氧氣的成分、水中的座標位置，以及附近敵船的方位。潛艇減低被聲納偵察的新科技，亦用於蛙人水中交通船和蛙人身上，使他們不易遭敵軍聲納及紅外線探測。科學家甚至注意到一種海雁，會用本身分泌的一種膠質，附著在船身上，經久不墜。這種膠質如能仿製，可用來固定船側吊掛式水雷。

海軍科學家曾爲特戰部隊研製電熱潛水衣禦寒。海豹隊隊員可能在一日之間，從高空跳傘開始，在冰冷的水中和灘頭執行持續任務，需要過人的體力。軍醫亦在研製紓解疲勞，使他們易於入睡的藥片，讓他們可以在長途飛航中得到充分休息。有關人體生理上如何克服時差的問題亦在研究中，期能抵達戰地時精神飽滿，立即加入戰鬥。

特戰部隊時常奉命派往第三世界各國，天候、水土均與本國大不相同，醫生必須針對各派遣地區的氣候、地理環境與疾病種類研訂對策，使特戰隊隊員提高警覺，瞭解環境，注重保健。特戰小組的醫護人員亦須具備急救和施行簡單外科手術的能力。

特戰隊隊員的武器、裝備和食糧，全憑自己攜帶，所以他們的背包幾乎變成掛物架了。它的軍用名稱是「載重的裝備」(Load-Bearing Equipment)。除了背包之外，武器、彈藥和工具等掛得像聖誕樹似的，既影響行軍，又不便取物，除非先把背後的架子放下來。

巴司克覺得應該從服裝方面去改進，如果制服上多做幾個口袋，就可將彈藥補給等放進去，既易取用，又可將重量平均分配，不致使肩膀及背部負荷過重而受傷，行軍作戰均可比較靈活。

在嚴寒地區作戰，須有輕而禦寒的戰衣，能源部門已研製成功「多層反應」式保溫衣，利用化學劑使它保持華氏一百度長達八小時之久，穿在戰士身上就不畏酷寒了。

特戰隊隊員戰鬥便服上的偽裝顏色，通常不是草綠色，就是土黃色，如果能想出方法使它隨野外的景色變黃或變綠，不是更理想嗎？科學家確在研製一種「變色龍」戰衣。

醫療方面亦有一些新發現，纖維重生方面的研究，將來用於一種生物綳帶，可迅速使創口復合。紅血球亦可冷凍攜帶，特戰隊隊員需輸血時，將冷凍血漿像用茶包似的放在特製溶液中解凍後，立可使用。一種特製的超高單位維他命丸，與運動員所用含類固醇藥物不同，必要時服用，可提高戰鬥體力。

特戰隊隊員背負重物，跳傘降落著陸時最危險，尤其碰上堅硬地面，腿骨和踝骨很容易受傷，特戰小組人員精簡，一人抵數人用，未作戰先受傷，後果不堪設想。巴司克和雷乃立設計出一種傘兵著陸防震器，保護由腰部以下至足踝部分最易受傷的地方，著陸時，腿骨所受震動可減至最小。防震器係用碳纖維製成，輕而不致爲敵軍雷達發現。

如果試用合乎理想，再繼續研製由腰部以上，高達胸部的保護體，類似好萊塢影片中《機器戰警》(RoboCop)穿的甲胄，通電後，還可以使特戰隊隊員暫時變成大力士。

武器方面，將出現雷射手槍和分子光步槍。一種暫時令人昏迷的彈藥，在祕密活動時，可以用來對付警衛。此外，機器人將用於淸除地雷或敵軍集結地點的偵察巡邏。

雷乃立還想出利用植物生化感應原理搜集情報的方法。用一種特別栽培的苔蘚，鋪設在敵軍交通要道。它對經過的軍車或部隊會發生感應，並將所獲資料儲存在糖分中，衛星或飛機通過上空時，透過特殊光學訊號，可將苔蘚儲存的情報資料回收。這方法亦可用於偵察毒品運送路線。

巴司克相信改變人體賀爾蒙份量會使學習力增加，注射賀爾蒙針劑就可使人腦在睡眠中學習外文、記憶內容複雜的作戰計劃。加強感應的機件安置在皮膚下，可以使人的視覺、聽覺和嗅覺大爲提高。無線電也可能用「人工感應」(Synthetic Telepathy)代替，通過頭上的脈波發電器，特戰隊隊員心智相通，執行任務時也不需通話了。

他們二位提出的許多發展方案，只有百分之二十獲得經費，也許五角大廈覺得他們的想法太玄了。總之，他們覺得從前的騎兵也不願把馬換成戰車，人總是習於守舊，不到必要時，是不易接受改變的。

第十二章 明日的戰爭

在美國佛羅里達州馬克迪空軍基地的美軍特戰司令部中，有一個危機行動中心，門禁森嚴，進出的官兵必須將自己的塑膠製身份證放進電腦掃瞄器中，按下密碼，才能開門進入。

一排電腦終端機正對著一片龐大的電子展示板，全球特戰部隊執行任務的現況，一目瞭然。電腦終端機可發送書面指示給各地特戰單位，也可接收由五角大廈及中央情報局傳來的情報資料。中心的電腦並與全球軍事指揮管制系統連線，這個系統與各軍種司令部隨時保持聯絡。電腦螢光幕旁各有一具紅色電話，可與各地的特戰單位透過通訊衛星直接通話，一個特別情報小組就在附近地下室內工作。

通訊管制室中，放滿了衛星通訊無線電話機、錄影監視機、雷射印表機和傳眞機，接收全球各地傳來的報告和文件。一具電視機全天收看有線新聞網(CNN)各項節目。危機行動中心每天工作二十四小時，掌握著全球危機動態。

這個中心在後冷戰時期的地位更重要，超強大國不再對壘，世界各地只有一些零星戰亂，用不到B-1大型轟炸機和戰車，特戰部隊有可能成爲明日戰爭的常用武力。

特戰司令部對全球可能發生戰亂的多事之地，都有滲透攻擊的計劃，只待白宮令下，他們的特戰部隊就可以隨時出動，諸如古巴、亞洲的北韓、緬甸和菲律賓；中東的伊拉克、伊朗、敘利亞及黎巴嫩；非洲的利比亞、賴比利亞及蘇丹。基於美國本身的利益，對上述各國發生危機時，分別擬訂用兵計劃。電腦依據輸入資料，提供滲透路線、空投區、突擊點及敵後情報員聯絡方法等細節。

由於蘇聯的瓦解，特戰部隊曾考慮派遣特戰顧問協助訓練東歐，甚至俄國的新軍。這固然需要時間來證實，可是自二次大戰以來，特戰部隊始終未獲應得的肯定，在美國軍方並未佔有應得的地位。以最近的波灣戰爭爲例，就可以明顯的看出三軍特戰部隊達成直昇機突擊、深入伊拉克後方偵察敵情、「飛毛腿」飛彈的偵炸、冒死救出戰友及至假裝兩棲登陸欺敵等多項艱險任務，可是史瓦茲柯夫將軍始終認爲他們只是一個支援正規軍作戰的附屬部隊，他們的戰略價值亦未受重視。

未來戰爭中，特戰部隊的地位是否日趨重要，仍需時間證明。畢竟特種作戰出身的三軍將領爲數不多，正規作戰出身將領對特戰價值又不盡明瞭。不過可以肯定的，特戰部隊由於世局的演變，參戰的機會必將較前增多。

南斯拉夫內戰迄未結束，蘇聯解體後，至少有十幾個共和國曾醞釀動亂，美軍作戰部隊曾派駐索馬利亞，協助剷平叛軍。東方與西方的競爭，已演變成南北對抗。哥倫比亞、緬甸以及東南亞等地販毒組織的經費，高過許多政府的預算。二十一世紀中，至少有二十個國家擁有核子武器。

恐怖份子活動次數可能減少，破壞性卻將增大，有如一九九三年的紐約世界貿易中心爆炸事件。

不久前，華府國家戰略資訊中心曾召集政府及民間負責安全人員開會。他們對非軍事的安全威脅定出一個新名詞——「灰色」現象地區，包括販毒、洗錢、僞鈔製作、走私、盜用銀行存款、人蛇組織、販買軍火、黃金、黑市食品，甚至出售人體器官等不法活動地區。

明日的戰爭要從「小」字著想。戰車、兵艦與重轟炸機等傳統大規模作戰的武器，將爲小型火箭、精密導向飛彈、機器人以及遙控的小型飛機、戰車與船艇所取代。攻城佔地的傳統戰爭亦將轉變爲摧毀敵軍司令部及各地管制中心，以及雷達防空系統，直搗敵軍神經中樞的局部作戰。

美軍特戰司令部基於上述情況，深信精良善戰的特戰部隊，必將是明日戰爭的鬥士。聯合特戰中心針對可能發生的各種新狀況，進行祕密訓練。假設國際核能監察組織未能阻止某一國家取得核子武器，透過外交途徑仍無法解決問題時，即可考慮派遣特戰小組潛入該國，將其核子設施分別摧毀，或在運送途中將其截獲。關於武器管制方面，亦可派出特戰人員滲入，祕密調查武器種類與數量。

美國軍事問題專家林德認爲，美國歷經獨立戰爭、南北內戰和二次大戰，到現在已進入第四代戰爭，除了對敵軍事作戰外，並包括經濟、社會等全方位作戰。心理作戰日趨重要，戰時與平時幾難分辨。正規軍勢將縮減，特種作戰小組將成爲未來戰爭的新銳，結合邊防巡邏部隊、特種警察與鎭暴部隊，勢將形成一支重要武力。

不過在「灰色」現象地區，打擊毒品泛濫，同時須注重治本的方法，如加強經援當地居民，廣設戒毒診所。防杜洗錢亦賴銀行貫徹自清行動，方易奏效。保護美國海外商業，除雇用安全人員外，尚須支持當地政府，消除禍源。

東西冷戰期間，美國曾以重建民主名義，祕密介入第三世界國家內戰，推翻合法政府，如伊朗、瓜地馬拉及智利。亦曾爲維護地區安定而支持第三世界國家專制統治者，爲伊朗國王巴拉維、尼加拉瓜的狄巴耶、南韓的朴正熙、菲律賓的馬可仕以及巴拿馬的諾瑞加。這些教訓使美國對爾後介入第三世界國家的戰亂，非常謹愼小心。

蘇俄共產體制瓦解後，爭取第三世界國家已失去原先的重要性。而且，這些國家亦不致直接或間接影響美國本身的利益。布希總統故曾倡議「和平時期國家建設爲先」的主張，也代表美國在後冷戰時代的國防戰略，由美國協助全球多國平息動亂，致力國家各項建設。特戰司令部率先響應，並發起「掘井濟衆」行動。諸如美軍特戰小組訓練外國軍隊反動亂及緝毒戰術，建立偏遠村莊診療保健及自治能力，協助辦理救濟等事務。

目前所見到的南斯拉夫內戰，就是後冷戰時期具代表性的不同種族爭取獨立的戰爭。原屬蘇俄聯邦諸共和國，如喬治亞等亦紛紛掙脫聯邦控制，尋求獨立。此類戰爭美國自然不致介入。

總之，日後特戰部隊的運用，並非由其指揮官單獨決定。聯合特戰部隊應可成爲全球局部性攻擊最佳武力。空軍與陸軍航空突擊隊擁有技術精湛的飛行員；海軍海豹隊隊員體力超羣，英勇無畏；陸軍特戰隊隊員出生入死之餘，並擅聯絡盟軍，並肩作戰。不過從他們的優點中，亦可找出一些弱點，由於全神貫注所賦任務，而未能顧及全盤戰略；通過嚴格的甄選與艱苦無比的訓練，往往會使他們爲了貫徹任務而過於自信。

美國軍方素未正視特戰部隊的價值。正規軍注重表現，強調階級控制。特戰部隊主張平等，官兵一視同仁。既然訓練他們成爲非正規戰士，似不應用一般正規軍標準衡量他們。特戰部隊是一支求新求精的部隊，他們是未來戰爭中的菁英，也是過去最不爲人瞭解的部隊。他們是在陰影中作戰的勇士。

國立中央圖書館出版品預行編目資料

美軍特戰奇兵祕辛 / 道格拉斯·華勒 (Douglas
C. Waller)著 ; 章柱譯. -- 初版. -- 臺北市
: 麥田, 民84
面 ; 公分. -- (軍事叢書 ; 33)
譯自 : The commandos : the inside story
of America's secret soldiers
ISBN 957-708-292-0(平裝)

1. 軍事 - 美國

590.952 84005434